RAISING EMOTIONALLY STRONG BOYS

TOOLS YOUR SON CAN BUILD ON FOR LIFE

易怒的男孩

刻意练习带孩子走出情绪困境

[美] 大卫·托马斯（David Thomas）著

王超男 译

机械工业出版社

CHINA MACHINE PRESS

男孩是令人困惑的生物，他们容易发怒或者闷闷不乐，面对挫折时总是在责怪他人和自我羞愧中摇摆不定。为了帮那些情绪化的男孩走出愤怒、焦虑、抑郁的困境，心理咨询师大卫·托马斯从近30年的针对男孩心理及情绪问题的咨询经验和案例中总结出养育智慧，探究男孩消极情绪背后的真实原因，提供切实有效的方法和指导。在精心设计的40个刻意练习中，家长可以明确自己在男孩培养方面的使命，锻炼男孩的"情绪肌肉"，助力男孩拥有积极的情绪表达方式。

北京市版权局著作权合同登记号　图字：01-2022-5375号。

图书在版编目（CIP）数据

易怒的男孩：刻意练习带孩子走出情绪困境 /（美）大卫·托马斯（David Thomas）著；王超男译. — 北京：机械工业出版社，2024.1（2025.5 重印）

书名原文：*Raising Emotionally Strong Boys: Tools Your Son Can Build On for Life*

ISBN 978-7-111-74976-9

Ⅰ.①易… Ⅱ.①大… ②王… Ⅲ.①情绪–自我控制–儿童读物 Ⅳ.① B842.6–49

中国国家版本馆CIP数据核字（2024）第024358号

机械工业出版社（北京市百万庄大街22号　邮政编码100037）

策划编辑：丁　悦　　　　　责任编辑：丁　悦
责任校对：龚思文　刘雅娜　　责任印制：张　博
北京联兴盛业印刷股份有限公司印刷
2025年5月第1版第9次印刷
165mm × 225mm · 17印张 · 1插页 · 142千字
标准书号：ISBN 978-7-111-74976-9
定价：69.80元（含练习册）

电话服务　　　　　　　　网络服务
客服电话：010-88361066　　机 工 官 网：www.cmpbook.com
　　　　　010-88379833　　机 工 官 博：weibo.com/cmp1952
　　　　　010-68326294　　金 书 网：www.golden-book.com
封底无防伪标均为盗版　　　机工教育服务网：www.cmpedu.com

推荐序

男孩是一种令人困惑的生物。他们可爱、搞笑、狂野，有时又令人难以琢磨。正因如此，我见过不计其数的父母，尤其是妈妈们在向我的朋友，也是本书的作者——大卫·托马斯请教时深情专注、入迷的样子。是的，起初她们感到震惊，然后我仿佛看到一股深厚的、充满希望和宽慰的洪流溢满心头——"原来我的儿子是正常的"。

大卫是专为男孩及其家庭提供咨询服务的专家，拥有近30年的经验。他认为小男孩（或大男孩）的活跃、好斗和好奇，都是因为男孩天性使然。相信对于每一位深爱着男孩的家人来说，这样的认识无异于会改变孩子的一生。事实上，男孩的确是行动先于思考的。这正是由于他们的大脑发育与生俱来的一部分特质决定的。我们可以通过一些方式与他们互动来回应这种天生的特质，这甚至能帮助男孩学会倾听他人。

我很幸运，自1997年以来，一直在和大卫共事。我们的工作室在一幢名叫"明日之星"的漂亮的黄色房子里。在那里，我们都有幸为不同的孩子和家庭提供心理和养育咨询，一起工作和成长。从那时起，我们就开始为来自全世界成千上万的父母提供帮助。我们开玩笑说，大卫对我来说就像是唐尼之于玛丽（美剧《唐尼和玛丽》的主角）。不过我们受众群体中的父母都太年轻了，大概不知道唐尼和玛丽是谁。我们一起共事的时间如此之久，如果你是任何一位"后唐尼和玛丽时代"的父母，那甚至可以说我和大卫之间的友情比你的年纪还要大。这意味着我可以一直以近距离的视角，看到大卫不仅对所有年龄段的男孩，甚至对他们的父母和祖父母都产生了深远的影响。而现在，我又可以通过一种全新的方式倾听他的声音并向他学习。

在这本书即将出版之时，我已经有了一个 3 岁的侄子，我的肚子里还怀着一个几个月后即将出生的小男孩。我来自一个全是女孩的家庭，正如来参加我们活动的每一位母亲一样，在聆听大卫讲述男孩的成长奥秘时，我惊呆了。我肃然起敬，不仅是因为男孩与女孩与生俱来的个性差异，还因为大卫谈论男孩时的直接坦率以及表达男孩内心的方式。

我还很欣赏大卫的一点是，当他在我的书《培养无忧无虑的女孩》（*Raising Worry-Free Girls*）出版后被问及是否要为男孩写一本关于焦虑的书时，他拒绝了，或者至少拒绝了写一本只关于男孩焦虑的书。女孩被焦虑所困扰的可能性是男孩的两倍。

大卫每天都和男孩们一起坐在我们的咨询办公室，他非常了解男孩们在什么地方容易陷入困境。他深知有些男孩确实患有焦虑症，但是更棘手的问题是他们更难以自我调节情绪，精力过剩，有时甚至暴躁易怒，难以倾听，并且倾向于向外发泄自己的情绪，而不是从自身找原因。而且，那些真正饱受焦虑折磨的男孩们往往看起来像是在为完全不同的事情而挣扎……这就是为什么我们需要大卫。大卫想谈谈男孩们的问题究竟在哪里，他们在哪些方面特别容易遇到困难，以及我们可以做些什么来帮助他们。

这本为我和千千万万的父母而写的图书，让我们得以靠近大卫·托马斯的智慧并向他学习。我迫不及待地想帮助大家培养情感强大的男孩。我很幸运有一个情感能力强大且睿智的朋友带路，他在自己的领域里日复一日地深耕了近 30 年。所以请准备好一杯咖啡和你的荧光笔，做好向这些奇妙又令人困惑的"生物"学习并被他们逗笑的准备吧。我相信大卫在培养情感能力强大的男孩方面是真正的专家。

赛西·高夫（Sissy Goff）

教育学硕士、注册心理咨询师、

畅销书《培养无忧无虑的女孩》作者

目　录

推荐序

001　第一章　培养情感能力强大的男孩

识别、调节、修复，有效的"3R"原则　　　　　003

别让"男子气概"困住男孩　　　　　　　　　006

运动，宣泄情绪的健康方式　　　　　　　　　008

视脆弱为力量　　　　　　　　　　　　　　　010

刻意练习　　　　　　　　　　　　　　　　　014

1. 观看《绿巨人》电影并讨论　　2. 定义"3R"原则

3. 寻找生活中的男性楷模　　　　4. 找出情感能力强大的人

CONTENTS

015　第二章　锻炼男孩的"情绪肌肉"

男孩的四个情感里程碑   017

给他一个情绪空间   023

让"情绪肌肉"得到持续锻炼   027

什么是真正的"男子气概"   031

刻意练习   034

1. 情绪图表　2. 情绪量表　3. 固定的情绪空间

4. 可移动的情绪空间　5. 定义男子气概

035　第三章　别让男孩在责备他人和自我羞愧中摇摆

责备他人和自我羞愧   038

给情绪一些时间和空间   040

用写日记建立心理免疫系统   043

成年人的指导和反馈   046

把健康放在快乐之上   047

设定可量化、易操控的目标   050

和爸爸一起树立人生愿景   052

刻意练习   056

1. 主题日记参考　2. 自我优势评估

3. 满意和不满意的事　4. 分享情绪高潮和情绪低谷

057　第四章　帮男孩走出情绪困境

行为表象下的情绪　　　　　　　　　　　　　　　061

求助不是软弱的表现　　　　　　　　　　　　　062

走出情绪困境的基本方法　　　　　　　　　　　064

情绪命名　　　　　　　　　　　　　　　　　　065

作战呼吸法　　　　　　　　　　　　　　　　　066

应对技能　　　　　　　　　　　　　　　　　　067

痛苦是生而为人的一部分　　　　　　　　　　　070

陈述自己的感觉　　　　　　　　　　　　　　　073

情绪命名 ⇔ 作战呼吸法 ⇔ 应对技能　　　　　075

用写作整理思绪　　　　　　　　　　　　　　　076

洞察真相的四脚板凳法　　　　　　　　　　　　078

刻意练习　　　　　　　　　　　　　　　　　　082

1. 四脚板凳法　　2. 脚踏实地的技巧
3. 作战呼吸法　　4. 警报和信号　　5. 寻求帮助

083　第五章　母亲和父亲的使命

在"情感拉锯战中"的母亲　　　　　　　　　　086

摆脱"责备—羞愧"怪圈，重获情绪掌控权　　　089

母亲与男孩相处的三个使命　　　　　　　092

建立安全感　　　　　　　　　　　　　　092

学会放手　　　　　　　　　　　　　　　095

保持情绪稳定　　　　　　　　　　　　　098

做一个真情实感的父亲　　　　　　　　100

父亲与男孩相处的三个使命　　　　　　103

建立认同感　　　　　　　　　　　　　　103

"投资"和"被投资"的人际关系　　　　　105

真情流露　　　　　　　　　　　　　　　106

刻意练习　　　　　　　　　　　　　　110

1.问有价值的问题　　　2.一句话

3.责备—掌控力—羞愧图表

4.支持和贡献问题　　　5.分享失败经历

111　第六章　朋友的意义

男孩生命中的"领跑者"　　　　　　　　115

从成熟的男性长辈身上学习　　　　　　　119

在健康的人际环境中成长　　　　　　　　122

好朋友的质量重于数量　　　　　　　　　126

刻意练习　　　　　　　　　　　　　　127

1.定义领跑者　　2.发现领跑者　　3.感恩他人

129 第七章 男孩的情感榜样和导师

智慧来自那些超越你的人 133

从倾听父母的声音到倾听他人的声音 137

有效利用媒体的声音 140

向男孩示范如何尊重输赢 142

刻意练习 145

1. 列出最具影响力的五个人 2. 确定你的生活圈
3. 媒体的声音 4. 书籍和电影 5. 提前行动

147 第八章 帮男孩向上和向外转移情绪

把情绪向上转移 148

把情绪向外转移 151

向外发展人际关系 154

有目标感地向外发展 158

刻意练习 166

1. 使用图表 2. 户外活动 3. 写日记
4. 书包实验 5. 寻找目的

167 　第九章　建立情绪表达的新习惯

给男孩一份健康心智餐盘　　　　　　　　　172

养成有利于幸福生活的习惯　　　　　　　　173

随时开始学习新的情绪表达方式　　　　　　178

从身体、精神、人际关系、情绪表达上培养习惯　181

男孩们的努力尝试　　　　　　　　　　　　186

家庭给予的支持　　　　　　　　　　　　　190

刻意练习　　　　　　　　　　　　　　　　194

1. 计划暑假　　　　2. 健康心智餐盘
3. 确定四个维度　　4. 评估四个维度

195 　结语　　　温柔而坚定地前行吧，男孩！

找到那些与男孩同行的人　　　　　　　　　199

成为危机预防者，而不是问题干预者　　　　204

第一章

培养情感能力强大的男孩

01

我希望这本书可以让大家重新认识男子气概。因为在传统定义中,男性气质并不包括温柔。我研究人性的品格越久,就越能理解人性的力量是建立在温柔、同情和关爱之上的。这些品格是人性的支柱。培养情感能力强大的男孩的基础是明确了解人性的品格并看到勇于奉献的力量。

我成长于20世纪70年代。1977—1982年间，CBS电视台播出了《无敌浩克》（*The Incredible Huck*）电视连续剧。那时候我每周都盯着电视，迫不及待地想看大卫·班纳博士的冒险，他是一位出色的科学家，但他的实验室发生了严重的故障。从那一刻起，每当他处于极度压力之下身体都会产生巨大的变化，变成不可思议的绿巨人——一个身材高大、肌肉发达、亮绿色的怪物。在所有对班纳博士的威胁被摧毁后，他便变回正常人的模样，只留下他残损的记忆、破烂的衣衫和周围被破坏的一切。这些转变令班纳博士相当痛苦，他开始了一段试图扭转自己状况的漫长旅程。

　　几十年后，我带着儿子去电影院观看了这个经典故事的许多改编版本。尽管我对这个故事再熟悉不过了，但每当看到一个新的版本时，仍会惊讶于这个故事同我作为一名为男孩提供咨询的治疗师的经历简直如出一辙。我认为许多男孩就和绿巨人一样，他们体会着想要在世界上做一番成就的使命感也承受着与内心的怪物战斗的紧张感，当面对巨大的压力和措手不及的突发情况时，伴随着情绪的升级还会衍生出另一种形态的不良后果。

我甚至遇到过有的父母把他们的儿子比喻成绿巨人。他们说，白天送孩子去学校时还好好的，晚上睡觉前却像一个怪物。这些男孩在老师和教练的指导下正常学习，回家后和父母共处时却显得精神异常。最近一位母亲分享说，当她提醒儿子看电视的时间只剩最后 5 分钟时，她的儿子大喊大叫，把遥控器扔掉，坐在地板上失控地哭泣。她笑着说："他还没有变成绿巨人，但我一直在等待那一天的到来。"

当我们生气时，神经系统会进入更兴奋的状态。身体同时会感受到心率加快、瞳孔扩大、呼吸加速、皮肤出汗和血液流向大块肌肉的感觉。这个过程听起来真的和变成绿巨人有点儿像，不是吗？

识别、调节、修复，有效的"3R"原则

我们的工作是帮助男孩学会认识内心的压力，训练他们观察和关注身体正在经历的感觉。首先识别到正在发生的事情很

重要，然后男孩们需要懂得如何在这些时刻进行调节。如果他们难以完成这以上一项或两项重要任务，那么他们的"绿巨人时刻"可能就会到来，那就需要时间进行自我修复。

尽管身体会发出警报和信号，但男孩们往往会忽略这些迹象并继续我行我素，直到他们发现把自己搞得一团糟并充满遗憾和后悔。几十年来，我与成千上万的男孩交流过，他们描述了"绿巨人时刻"的另一面，讲述了自己对着妈妈大喊大叫、推搡弟弟妹妹或打破家中物品的故事。我还听过有的青春期男孩把苦水一股脑儿倾诉给女朋友、在比赛中技术性犯规或用拳头把石膏板打出了洞的经历。

这些故事通常展示了男孩将错误归咎于他人，努力获得自我掌控权，以及深陷于羞愧和遗憾的情绪中不能自拔的一面。我的脑海中浮现出班纳博士泪流满面地走在街上，回忆着刚刚发生了什么的画面。

当我复盘这些故事时，男孩们通常可以回忆起这些经历，并确定有哪些信号曾出现却被他们不经意间忽略了，或者他们曾经从父母那里得到过哪些指导，但却没放在心上。他们甚至可能还记得，有人说过他们会把事情搞得更糟，但不知怎么的，绿巨人出现了。

教授"3R"原则是我作为一名治疗师一直坚持的信念。我认为这是一种能创造积极成长的方法。这并不简单，因为男孩们非常容易陷入消极懒惰的状态。毕竟，像蹒跚学步的孩子一样崩溃或像青少年一样失去理智的行为实现起来太容易了。"调节"本身就是一项工作，完成它需要花点儿力气，但它能带来良好的效果。

我们要学习关注身体出现的警报和信号，这需要时时反思、敏锐洞察和细心感知。但是人更容易忽略这些迹象并保持我行我素的状态，当然这样做并不安全。同样，修复一段关系也是一项工作，它需要我们保持谦逊和礼貌的姿态，但人却更容易在责备和羞耻之间摇摆不定。责备无非是释放痛苦，而羞耻则是一种自卑的表现，这两种都不是令人满意的状态。不过，努力营造良好的关系会令人感到深层次的满足。

认识（Recognize）——注意你的身体所发出情绪反应的信号。

调节（Regulate）——当神经系统进入更高的唤醒状态时采用镇静策略。

修复（Repair）——获得掌控权并完成所有必要的相关工作。

总的来说，理解和实践"3R"原则是我们对寻求咨询的男孩进行的最重要的指导，这些是培养情感能力强大的男孩的基准。这个原则听起来很简单，但对男孩的情绪健康和关系健康来说至关重要，可我们却常常忽视它。

别让"男子气概"困住男孩

我在办公室里用"卡壳"这个词已经几十年了。我认为陷入困境是人类生活的一部分，我们都很容易在身体、情感、关系或精神上陷入某种卡壳的状态。有时我们能够摆脱，但有时我们需要帮助才能摆脱。

我办公室里有一个巨大的雪人水瓶，它提醒着我每天要喝八杯水，我常常一忙起来就忘了这回事。有时我会反复把水瓶加满，并像训练中的运动员一样补水；有时我却好像脑袋卡壳了一般全然忘了，于是下午 3 点左右就头痛起来，自己竟没反应过来是哪里出了问题。

我从小就热爱跑步和游泳，并将运动的激情带入了我的成年生活，我参加过从 5 公里到马拉松的各种跑步比赛。在参加漫长的赛季训练时我好似要去参加奥运会一样全情投入，而在训练暂停的赛季我却好像从未拥有过一双跑鞋。我一直忙于工作以及生活的各个方面，如锻炼、祈祷、交友、经营婚姻、养育子女等。在某些情况下我能快速启动自己，而在有些时候，我也需要来自教练、咨询师、朋友、牧师或妻子的帮助。

陷入困境是人类普遍的一种状况。男人和女人、男孩和女孩，我们中的任何一个人都可能在某一时刻或空间，在身体、情感、关系或精神上卡住。在工作中，我观察到的差别是女性在遇到困难时更容易寻求帮助。当然也有例外，也有不愿意求助的女性和非常擅于求助的男性。但总的来说，男性在这方面挣扎得更多。我坚信这与我们对男子气概的定义有关，其实这个定义中的很多内容已经过时了。多年来，我们一直在努力扩大男子气概的定义范围，也有无数人在反对大众向男孩们传递的"在这个世界上做男人意味着什么"的文化信息和刻板印象。

我希望这本书可以让大家重新认识男子气概。因为在传统定义中，男性气质并不包括温柔。我研究人性的品格越久，就越能理解人性的力量是建立在温柔、同情和关爱之上的。这些品格是人性的支柱。

培养情感能力强大的男孩的基础是明确了解人性的品格并看到勇于奉献的力量。如果我们希望培养具有关系力量的男孩，那么他至少要有几个非常要好的朋友。当我们评估他和最亲近的伙伴的互动和对话时，能看到他私密和脆弱的一面。我们需要看到，这个男人会赞美和提升女性的地位。在他的生活中，尽管会不断受到挑战和质疑但从未脱离正轨。

男孩会经历悲伤、愤怒和恐惧的情绪。我们的使命是帮助他们确定自身的感受以及学会处理这些情绪，认识情绪，学会调节，并在必要时进行修复。

运动，宣泄情绪的健康方式

多年来，我一直在和男孩子们谈论大众对"完美男人"（Dude Perfect）组合的喜爱和迷恋。你可能不知道，这是一群由几个曾是大学室友的男孩组成的体育和喜剧团体，这个网红组合在 YouTube 上拥有订阅量最大的体育频道之一。这几个家伙创造了一种全新的体育和特技投篮风格。我喜欢在欣赏他们魅力的基础上和男孩子们谈论这种与众不同的技巧。如果压力是生活的一部分，那我们可以开发一些游戏技巧来应对它。要是碰到一个典型的不知道如何给自己解压的男孩，那不妨试试让他在这个领域创造一些特长吧！我经常让男孩子们带着一张清单离开我的办公室，上面会列出一些让他们感到有压力的事情以及应对这些压力的技巧。

我们也会探讨呼吸和运动的终极技巧。对于任何在愤怒、压力、恐惧或焦虑中工作的年轻人来说，学习做几次深呼吸很可能会改变身体的状态。男孩的生理机能对情绪有很大影响。身体上的宣泄和释放是驾驭强烈情绪的基础。我会让男孩子在一张便签或电子设备上列出首选的宣泄情绪的五种方法。这五种方法中的大多数都涉及运动，这也正呼应了男性与生俱来的独特生理条件。

　　这些方法可能包括跑圈或投篮、引体向上或俯卧撑、拳击或瑜伽、在蹦床上跳跃或骑自行车、箭步蹲或开合跳、尖叫着捶打枕头、遛狗或爬树等，不胜枚举。我曾遇到过一个 12 岁的男孩，他通过在车道上骑独轮车来缓解压力；还有一个 16 岁的男孩感到压抑时会为他的爱车进行清洗和打蜡。我赞成所有和运动相关且不涉及电子产品的方式。男孩们经常试图说服我，说玩电子游戏或浏览社交媒体的好处是能够帮助他们缓解压力。我马上就会提醒他们：玩电子产品是一种逃避，而不是一种应对策略。

　　男孩天生容易感到麻木，而我们则一直希望训练他们以健康的方式应对情绪。对于所有年龄段的男孩来说，电子产品已经成为最容易让他们上瘾和麻痹的形式之一。我不反对男孩在限定的时间内使用电子产品，但这不是我们讨论的目的。在这方面唯一例外的是，有些男孩一直保持着良好的健康习惯，并且选择在电子设备上添加一些关于呼吸和正念的应用程序。这些程序可能是很好的资源和工具，但不是使用电子产品的起点。

视脆弱为力量

几年前，我偶然看到一个小男孩和他妹妹的在网络上发布的视频。小男孩看起来大约五岁，女孩可能三岁。他正在一片空地上教妹妹将篮球投入玩具小篮筐内。

他走到一旁为妹妹加油。在第一次尝试时，她不仅错过了投篮，而且球反弹回来并击中了她的脸。小女孩泪流满面，她的哥哥立刻跑到她身边抱住了她，"没关系，你很坚强，"他说，然后双手放在她的脸颊上问道："你需要我把你抱起来再投球吗？"

她同意了。

然后他跑去捡球，把球递给她，说："现在我来抱你。"他抱起小妹妹让投篮变得容易。她又试了一次，这一次，她在父亲和哥哥的欢呼声中获得了成功。

这条视频我看了十几遍，每次看到这位温暖的哥哥，都既感动又会会心的微笑。我发现自己想了解关于他的更多信息。

我想知道他的父母是什么样的人，他们是如何培养出如此富有同理心和同情心的男孩。

我想知道他的小妹妹因为有一个终生为她加油的哥哥会受到怎样的影响。

我想知道他会不会在未来的某个时候不再想同情和鼓励他人，而变得冷漠。我想知道为什么男孩在成长的过程中，这种本能的温暖反应会似乎消失了。

十年前，我与人合著了一本关于男孩的畅销书，名为《从"熊孩子"到男子汉：养育男孩的艺术》。我在书的前三分之一部分定义了男孩的五个发展阶段。视频中的这个小男孩看起来是在"爱人者阶段"。如果我能选择让一个男孩的发展停留在某个阶段，我会选爱人者阶段。这个时期的男孩温柔、顺从、待人友善且富有同情心。显然，他不能永远停留在这个阶段。在进入青春期前期、中期和晚期的复杂阶段之前，他最多在这里停留几年，然后就进入了成年之前的脆弱时期。每一个阶段都让他远离童年而进入成年。那么，如果这个过程可以不一样呢？

男孩和男人占据着一些可怕的统计数据榜。研究数据提醒我们，男性更难识别自己的感受，在挣扎时拒绝采取行动，更不愿意敞开心扉，并喜欢参与更多冒险行为。除非我们往好的方向去改变，否则统计数据只会变得更糟。在 2020 年全球疫情大流行期间，焦虑、抑郁和自杀率以前所未有的速度攀升。现有的问题变得更加严重，它严厉地提醒着我们，我们还没有做好充分的准备去帮助我们所爱的孩子，让他们在艰难时期渡过难关。

许多人都在努力为我们所爱的女孩们重新定义力量和勇气，这让我深受鼓舞。我希望我们也能为男孩做同样的事情。如果培养出一代把脆弱视为力量的男孩会是什么样子？如果培养出将心理健康视为智慧的一代年轻人又会是什么样子？

情感能力强大的男性是这样的：

充满智慧（Resourceful）——能够识别并控制情绪。

自我觉醒（Aware）——拥有丰富的内心世界，了解自己优点和缺点。

拥有韧性（Resilient ）——能够应对世界的多变，并意识到自己的无限能量能力。

善解人意（Empathetic）——具有理解他人，分享自己感受给他人的能力。

我们如何推翻男孩所看到的固有形象并重新定义男子气概？我们怎样才能使男孩更加坚定地认同温柔、同情和爱的品质？我相信这是可能的。就像我们之前讨论过的一样——这将是一项艰苦的工作，但它会带来良好的结果。我相信这不仅是可能的，而且是男孩们应该从爱他们的成年人那里得到的最好的礼物。

让我们一起踏上这段旅程吧！

刻意练习

1. **观看《绿巨人》电影并讨论**。找一部关于绿巨人的转变和他的遗憾的动画片或影片，家长和男孩一起观看（全部或部分内容），用适合孩子年龄的交流方式和他探讨想把事做好的愿望和产生破坏结果之间的紧张关系，为创造更大的理解空间奠定基础。

2. **定义"3R"原则**。与孩子讨论并定义每个原则，然后制定目标。在大多数情况下只需要完成前两个 R 就能顺利解决问题，只有在犯错时才使用第三个 R。

3. **寻找生活中的男性楷模**。请男孩找出他们生活中在"3R"原则方面能力强大的男性，可以是父亲、其他亲人、祖父、老师、教练或朋友。

4. **找出情感能力强大的人**。思考一下，对你来说情感强大的定义是什么。从相关的图书、电影或历史进程中找出你曾见过拥有这种力量的人物。

第二章

锻炼男孩的"情绪肌肉"

02

当男孩在"情绪空间"中练习的时候，我们要让他学会不要总依赖大人。我们必须让我们所爱的男孩自己去锻炼。锻炼是培养韧性和智慧的沃土。如果没有刻意练习，也无法训练出强大的"情绪肌肉"。

我的外公曾参加过"二战"。战争结束后，他回到家乡，成为一名建筑工人。他和外婆育有六个子女。第一个是男孩，不幸患有心脏衰竭，只活了几个小时。继而又有了五个女儿，有四个女儿又都只生了一个女儿，除了我的妈妈，所以我是唯一的外孙。外公希望有一天我能像他一样成为一名建筑工人，并且希望把他所掌握的东西都传授给我。

　　高中时的假期，我去为外公工作。有一年夏天，我和他还有工人们一起建造了一所房子。我们浇筑了地基，搭建了房屋，建造了墙壁，我看着那里从一块空旷的土地变成了一个至今仍有人居住的家。

　　依稀记得，看着地基被浇筑的时候，我的外公笑容满面，好似春风拂过。那就像是上小学第一天老师刚削的铅笔的味道，或者音乐家为录制新唱片设定的第一首曲目。那是视觉、嗅觉、听觉的新开始。

　　我还记得他说地基看起来并不引人注目，但它却是建造环节里最重要的一步。如果一栋漂亮的房子建立在薄弱的地基上，那它的美也是不可持续的。

如今，我居住在一个建于 20 世纪 30 年代的房子里，它位于我们城市的历史区。这所房子即将迎来它的一百岁生日，房子老旧，诉说着岁月的沧桑。但在我们准备买下它的那天，我们的房地产经纪人说："这个房子无论地基还是骨架都依旧非常好。"

家庭关系就好比是房子，唯有建立在坚实的基础上，才可以抵御生活的风雨。愿意把闲暇时间投资于阅读、婚前咨询、约会之夜、积极倾听、婚姻工作等方面的夫妻可以为育儿奠定坚实的基础。

对我们来说是如此，对孩子亦是如此。当我们在情感上、关系上和精神上奠定了坚实的基础时，我们就有能力以不同的方式经受住生活的考验。

现在，先让我们一起来看看男孩情感的基础组成部分吧。

男孩的四个情感里程碑

在我的另一本书《我的孩子是否步入正轨？孩子需要的

12 个情感、社会和精神里程碑》（*Are My Kids on Track? The 12 Emotional, Social, and Spiritual Milestones Your Child Needs to Reach*）中，我为男孩定义了四个情感里程碑，并探讨了实现目标进程中会遇到的绊脚石和走向成功的基石。

第一个情感里程碑是词汇（Vocabulary）。它是关于培养情感素养，或者以健康正常的方式识别、理解和回应自己和他人情绪的能力。我非常希望世界各地的家庭和教室都在合适的位置挂上情绪图表，就像全世界很多教室的墙上都挂着字母表一样。众所周知，字母组成词语，词语组成句子，这些是阅读输入的基本组成部分。所以当孩子们看到字母时，就会加强认知上的联系。同样，如果他们看到情绪图表上不同的表情，也会和人的情绪建立联系，然后学着去识别自己内心的感受。

在这个时代，小朋友和青少年正在使用越来越夸张的词汇来表达他们的经历，但是这些词不一定能准确地描述他们的感受。我很少听到青少年说"我很伤心"，他们会说"我很抑郁"；他们不说"我很担心"，而是会说"我很焦虑"。有些词能准确描述他们的情绪，但大部分都不能。在过去，如果孩子对他们的父母生气发火，希望能够引起父母的注意时，他们可能会说："我要离家出走！"尽管我几乎从未听到家长们回应这句话。但是现在的孩子们会说，"我要自杀！"或者"我就应该去死！"

在大部分情况下，这些向家长的宣告和威胁就像是一张万能牌，因为它涵盖了各种各样的情绪感受。特别是那些情绪词汇不足的男孩，他们经常抛出这种万能牌。他们用最可怕的语言说着让人胆战心惊的话，尝试暗示周围的成年人，并一步步把大人带领到自己内心深处的情绪风暴里。

在这里有必要暂停一下，我要在此明确表示，并不是所有说出这种话的男孩都是在使出万能牌。因为有些男孩可能的确有自杀的念头，这样的情形就需要专业人士立即干预。无论他是否有自杀倾向，这都是在呼天唤地想要寻求大人的帮助。因为，他这么做要么是需要帮助来确保自己的人身安全，要么是想要寻求另一种方式倾诉自己的经历。总而言之，他都是在求助，而我们需要做的就是以恰当的方式提供援助。

总之，现在的男孩和处于青春期的孩子们急需我们伸出援助之手，以帮助他们运用合适的情感词汇准确地表述出他们真实的感受。

第二个情感里程碑是判断力（Perspective）。这个里程碑是学习对生活中的事件准确地分类和评级。例如，对我来说，丢失车钥匙这样的小事的重要性是一级，而失去某位家人则是十级。很多男孩往往会因为输了一场足球比赛而把这件事判为十级，虽然我们大人觉得不值得，但是很多男孩都会这样做。

洞察力这个里程碑和医生使用的疼痛等级很像。医生需要患者准确地描述疼痛位置，以便正确地治疗患处。我每天都和找我咨询的父母们坐在一起交流，他们常说自己的孩子不具备这样的洞察力，而且还会因为一些无关紧要的小事而偏离正常情绪的轨道。

现在的孩子，比以往任何时候都更容易把芝麻粒般的事扩大至十级。因为他们容易被情绪左右，无法正视自己的经历。

"我度过了最糟糕的一天。"

"每个人都讨厌我。"

"我真该去死！"

我想鼓励你和你的儿子在一个没有情绪冲动的时刻建立一个情绪等级量表。千万不要在情绪接近崩溃的情况下这样做。要在一个平静、放松、休息的时刻坐下来，在一张纸上画一条线，就像一条时间轴一样。标出 1~10 级，让孩子给自己经历过的事件标出对应的等级。如果遇到困难，你可以和他一起进行头脑风暴。请记住，孩子标注的事件带来的情绪等级可能与你认为的程度非常不同。但你的任务是尊重他，协助他找到他自己的等级，而不是采纳你的。

今后，可以把这个情绪等级量表作为生活中艰难时刻的参考点，帮助他准确地给自己的经历分类。然后，再给他时间来调节情绪和解决问题（我们将在本书中更多地讨论如何做到调节情绪和解决问题），最后问他，你认为这件事是几级？或者，你会给今天的情绪打几分？

重要的是，我们要在男孩的整个成长历程中，一直帮助他们拥有对自己情绪的判断力这个里程碑前进，让他们在面对青春期、青年期和成年后的所有事件时，都有恰当的情绪表达。

第三个情感里程碑是同理心（Empathy）。有充足的研究表明，同理心几乎是构成所有健康人际关系的基本元素，无论是配偶之间，亲子之间，朋友之间，还是同事之间。它是一种理解他人，分享自己感受给他人的能力。

同理心是一段关系中的催化剂，缺乏同理心会让一段关系分崩离析。同理心包括积极倾听和使用诸如"我听到你说的意思是……""我想知道你是否需要……""这听起来真的很难……"等类似的话语。

同理心是随着情绪向外展现的。它是一种换位思考，是一种为他人的情感经历提供理解和支持的能力。但是，如果我们连自己的情绪都没法读懂、说不清楚、无法衡量的话，那么也肯定很难体会别人的情绪。

第四个情感里程碑是拥有智慧（Resourcefulness）。它是一种将情绪引向有益事物的能力。"不要在愤怒中犯罪"，当你感到愤怒的时候，要停下来冷静一下，不要伤害自己或他人。

这是我看到男孩们最容易遇到情绪困难而停滞不前的地方之一。它需要我们用心去调节自己，让情绪朝着健康的方向发展。但大多数男孩却总是倒退回懒惰回应的状态，不想做任何努力。他们会崩溃、尖叫、打人或扔东西，因为将愤怒情绪向积极状态调整让他们感觉很辛苦，或者有时仅仅是因为他们没有经验。

想想看，有多少次男孩子们用"我不知道"来回答问题。

"你感觉今天怎么样啊？"

"我不知道。"或者是"还可以（Fine）。"

其实，Fine（还可以）可以理解为 Feeling In Need of Expression（情绪需要表达）的首字母缩写。说"我不知道"很容易而且非常省事，但是要挖掘并弄清楚孩子内心真实的感受却需要付出很多努力。让我们引导男孩们努力锻炼情绪的肌肉吧！我相信这四个里程碑就像人体的大块肌肉一样重要。对许多男孩来说，他们的肌肉是无力或发育不全的。但请相信，虚弱的肌肉可以随着锻炼而变得强壮。在男孩通往成人的旅程中，培养"情绪肌肉"是非常重要却也是最容易被忽视的工作之一。它影响着男孩作为儿子、兄弟、学生和朋友的日常生活。这些"情绪肌肉"也将定义他在未来是怎样的丈夫、父亲、朋友和同事。

给他一个情绪空间

男孩的情感中有很多肢体上的表达。这就是为什么幼儿时期的男孩喜欢咬东西、拳打脚踢和尖叫的原因。十几岁的男孩更喜欢大喊大叫、捶墙或踢门。我们必须教他们把精力、冲动和肢体语言转向积极有益的方向。我经常在教学的时候播放一个视频,这是一位妈妈在家里拍摄的关于她孩子的哭闹时刻。视频一开始,小男孩在地板上打滚儿,崩溃大哭。妈妈继续开着摄像机,但悄悄地走到另一个房间。这时哭喊声消失了,突然一片寂静。当小男孩走进他妈妈所在的房间,眼睛一捕捉到妈妈,他就瘫倒在地板上,再一次开始崩溃大哭。妈妈又一次安静地走到另一个房间,摄像机仍在拍摄,哭声再次停止了,但小男孩走到妈妈这个房间,重新瘫倒在地,就这样循环往复好多次。看到这儿,满屋子的家长哄堂大笑。因为我们都知道,这就是生活中发生在身边的活生生的例子。这种模式我们称之为"锚定"。这小男孩的意思是,"如果我心里感到不舒服,我会在你腰上系个锚,把你和我都拖到海底,让你和我一起感受那种不舒服。"

如果我们不教男孩一些新的情感表达技能，并且坚持不懈地训练他，那么他总会一次又一次地陷入锚定的状态。到了青春期，他就更加脱离不了锚定这种模式了。大多数男孩锚定的对象是他们的母亲，不过许多曾经依赖母亲的男孩，在青春期也会把这种锚定的习惯转移到他们的女朋友身上。

　　在我看来，对于一个男孩来说，母亲或生命中的其他女性应该成为他人生中引起共鸣的知己，而不是他言语上的出气筒。我们将在第五章中详细讨论这个问题。

　　为此，我认为家里应该为男孩创造一个空间，一个真实的物理空间，一个男孩可以去释放情绪的空间。因为 12 岁及以下男孩的思想非常具体，认为这个世界是非黑即白的。而且男孩通常比女孩发育得慢，他们在快到青春期的时候才开始发展抽象思维。男孩一般会从具体的实际经验中获益，比如去一个真实的空间——游戏室、娱乐室、寄存室、车库的角落等宣泄情绪。这个空间最好放置一些有触感的物品，比如踢腿架、拳击沙袋、超大的枕头（用来打或尖叫）、压力球、引体向上拉杆、迷你蹦床、瑜伽垫或健身球（用来扔或推）。我们可以进行头脑风暴，探讨如何创建一个情感释放空间，以满足男孩消耗肢体能量的需求。不过有些男孩可能肢体上的释放欲不强，但是在艺术上的表达欲很高。他可能更需要一小桶蜡笔、画纸、其他的美术工具等，或者一个日记本。或许他更喜欢用吹气球、捏破气泡纸、给黏土塑模的方式去宣泄自己的情绪。

当我的儿子们还在蹒跚学步的时候，我在网上发现了一个底部有沙子的可充气玩具，我买了下来，把它和几个超大的枕头和一个沙袋一起放在了我们游戏室的角落里。我会和孩子们一起来到这个角落，练习用这些物品来释放能量。游戏室的某个地方总有一张情绪图表挂在那里。孩子们常说这儿是能宣泄内心强烈情感的好地方。我这么做的目的是帮助他们从混乱的情绪中恢复冷静。

当我的儿子们像视频中的小男孩一样情绪激动，有打人倾向或崩溃大哭，在地板上打滚儿时，我会拉住他们的手，和他们一起去情绪空间，把这部分情绪冲动释放掉。和孩子们一起而且共同做平复情绪的工作叫作共同调节。后来，我的儿子们可以自己去那个房间，独立地完成自我情绪调节。从共同调节到自我调节的过程，类似于曾经教孩子们骑自行车。一开始，我总是和他们在一起，以便在他们学习这项重要的新技能遇到困难时及时提供支持和帮助。在他们踩踏板的时候，我会扶着车把；在他们踩踏板和扶车把的时候，我会托着他们的后背，帮他们保持稳定；再后来，他们骑着车，我会在旁边一边跑一边鼓励；最后，我会站得远远的，只有在他们需要时才会上前帮忙。

如果我们有一段时间没骑自行车，就会变得生疏并且需要别人的帮助，直到我们重新找回曾经骑自行车的感觉。

此外，有的孩子几乎马上就能学会骑自行车，但对有的孩子来说却很难，有的孩子还会把自行车扔进沟里，喊着，"我再也不骑那个蠢东西了"。因为每个孩子是不同的，有的孩子很难保持自行车的平衡，有的不会踩踏板，也不会刹车。我们要在不会骑车的孩子身上多花点时间，而对于很快就轻车熟路的孩子则不需要给予过多关注。男孩在情绪空间的练习也是如此，请记住，练习才能带来进步。

相信大多数人在成长历程中都听大人讲过类似于"熟能生巧、练习造就完美"这样的话。让我们暂时把这个说法抛在脑后吧，我并不认为这是真理。生活中有很多事情尽管我努力去练习了，但我不仅没有做到尽善尽美，甚至有些事情我做得并不好。但有一件事可以确信，那就是随着时间的推移，我练习过的每一件事都做得一次更比一次好了。我们追求的是进步，而不是完美。

我们都知道，学会独立处理情绪问题对许多男孩来说是一项艰苦的事情。所以他们还是会倾向于落入对于他们来说熟悉又本能的锚定反应的依赖之中。此时，我们要适时阻止他们。大人代替孩子做情感上的梳理工作就相当于替他做家庭作业，除非他自己写作业，否则他永远也不能从学习中获益。这是他建立情感需求联系的唯一途径。

想想这个例子。对许多男孩来说，做作业是一件痛苦的事。当他们坐下来，拉开背包的拉链开始学习的时候，情绪就莫名其妙变得激动起来。当学习变得困难时，有些男孩会反抗，有些会抱怨或扔书，还有的则会以各种方式崩溃。如果我们替他做了作业，肯定会让他停止情绪上的崩溃，但他今后就只会用情绪崩溃来应对，而不是学着自己坚持到底。

带他去情绪空间就相当于，在他调整和制订一个前进计划时与他并肩作战。男孩是行动导向型生物，他们只是需要别人的帮助来激活与生俱来的问题解决能力。我们要避免掉入成为他可依赖对象的陷阱。

> 男孩是行动导向型生物，他们只是需要别人的帮助来激活自己与生俱来的问题解决能力。

让"情绪肌肉"得到持续锻炼

前文中提到，当我的儿子们还在蹒跚学步时，我是如何引导他们去情绪空间的。让我们来谈谈随着男孩的成长，这个空间要如何调整吧。首先，这个空间应该随着男孩们一起成长，所以，我们要鼓励孩子跟随自己的想象不断地重塑这个房间，并把注意力集中在对他们有益的东西上。

我们家把充气拳击柱换成了我在二手体育用品店买的真正的拳击柱，看起来像是武术练习室里会用到的道具一样。孩子们可以随时对它们拳打脚踢来宣泄自己的情绪。我们还添置了健身实心球、小型蹦床，还有一桶我们用面粉和气球做的压力球。

后来，我们把家里的情绪空间搬到了房子的地下室，买了一个引体向上杆，一个大尺寸的拳击袋和一些轻重量级的沙袋。随着我的儿子们上了中学，这个房间看起来更像是他们的健身房。

在我们朝着情绪管理的方向训练时，我回到家经常会听到拳打脚踢的声音。有时打斗的声音停止，我甚至会听到哭声。哭泣声响起时，我会先给孩子们留一点儿时间，然后再进去看看他们怎么样了。这时，我常会听到没有被团队选上，遭遇来自朋友的背叛，考试考砸了，对自己做的事感到沮丧等等心碎的故事。这些都是孩子们从小学到高中会经历的正常的事。

在这个过程中，我的儿子们参加了各种各样能让他们放松情绪的体育运动。这些运动不仅让他们释放了压力，还可以学到新技能，结交新朋友。如此一来，我的儿子们爱上了跑步，整个高中期间，他们都在参加越野跑和田径比赛。跑步成了他们释放情绪的出口。他们学会了倾听自己的身体，当不同的情绪出现时，能够及时注意到身体发出的信号。

今后，跑步很有可能会成为他们一生中最重要的情绪发泄方式。但我的工作只是建立一个释放情绪的空间，引导孩子们进入这里，并和他们一起领会情绪释放的价值。我在一旁看着，随着他们逐渐长大，他们会如何根据自己的需求改造这个地方。

情绪空间并不是魔法，里面的物品也没有魔力。它的神奇之处仅仅在于走入这个空间的行为本身，在于从习惯锚定某个人的依赖中慢慢转向用自我调节情绪的方式面对问题。这需要练习，并且是年复一年的练习。

当男孩在情绪空间中练习的时候，我们要让他学会不要总是依赖大人。我们必须让我们所爱的男孩自己去锻炼。锻炼是培养韧性和智慧的沃土。如果没有刻意练习，也无法训练出强大的"情绪肌肉"。

我们当然希望和孩子们产生共鸣并提供支持，但是我们不能自作主张地代替他们去做这些事情。

> 锻炼是培养韧性和智慧的一片沃土。

等到男孩不想去情绪空间的时候，我们再去干涉。许多男孩都很固执并在赖着你的时候持续引诱你上钩。这个过程就像是一场拔河比赛，只有当一方玩家松开绳子时这场游戏才真正结束了。即使他紧紧抓住绳子，你也可以试着把它松开。虽然听起来这像是站在孩子的对立面一样，但我们还是要在长时间的训练中这样做。回到骑自行车的例子，没有父母会在没有指导或帮助过孩子的情况下随意地扔出一辆自行车，然后说："让我看看你怎么骑。"父母肯定会在孩子刚开始学的时候握住车把和座椅靠背，而且会在孩子骑车时在旁边奔跑着，为他们加油，这就是共同调节的方式。我们要首先帮助孩子们，直到他们能够独自完成这项工作。

总之，我要告诉你，我们和孩子都有各自的工作要做。我们只能把我们爱的男孩带到我们自己曾抵达过的最远的彼岸。如果调节情绪对你来说都是一件困难的事，那么对他来说，自主调节情绪几乎是不可能的。跟言传相比，身教让孩子学到的更多，所以他必须要在他所信任的成年人身上看到这种可能。

孩子需要听到大人使用大量且丰富的情感词汇。他需要听到你口齿清晰地表达你的经历，看到成年人也有情感，也是有血有肉的人。他需要知道大人是如何度过自己情绪冲动的时刻的，你的身体又是如何向你发出信号的，以及你做了什么让自己重新恢复到了心情平静的状态。只是，他不仅需要听到这些信息，他更需要看到。

男孩需要真切地聆听和目睹大人调节情绪的经历,才能形成自己心目中对男子气概更完整、更广阔、更健康且正确的定义。

什么是真正的"男子气概"

传统意义上,男孩们流露出自己的内心情感会被认为是软弱的表现。而且传统的男子气概一般与强烈的情感压抑和自强不息联系在一起。但是,如果反而培养出一代把脆弱视为一种常态的男孩会是什么样子呢?

在大量关于吸毒、自杀、婚外恋和网络色情方面的性别统计数据中男性占比更大。男性还极其擅长回避自己的疼痛和麻木情绪。他们很难向外界寻求帮助并关注自身的健康和幸福。那么,如果我们现在努力去培养一代把心理健康放在首位的男孩又会怎样呢?

在 9 ~ 10 岁,男孩开始把所有主要的情绪,比如恐惧、悲伤、失望等转化为愤怒。因为在我们的文化中经常暗示一种信息:生气没关系,但悲伤或恐惧是软弱的表现。男孩子的脑海中充斥着职业运动员在比赛场上大发雷霆、教练对裁判大喊大叫的画面。他们听到娱乐节目主持人在社交媒体上大呼小叫,看到政客们在辩论中相互咆哮。在家里，他们经常坐在一旁，近距离看着自己父亲发脾气。似乎他们看到的世界都缺乏调节和克制，目睹着男人们挣扎着无法描述自己的感受，不知道怎么用适合的方式来处理自己生活中的问题。我们如何能推翻这些形象，并为男孩建立一个新的定义呢？

通过人性的视角来准确地定义男子气概是男孩建立健康身体意识的一部分。他的力量体现在勇敢、谦逊、同情和爱之上。我相信这是培养情感能力强大的男孩的关键，尤其在这个时代，男孩们在不停地和真正男子气概相背离的种种形象轰炸着、折磨着。也许这会和当下的文化相背，但我们应该作为世界的一部分真正地生活在此刻，而不是作为世界的附庸随波逐流。

想象一下，有一天，我们开始把男孩的情感健康放在第一位，就像我们优先考虑国家的青少年体育或学术事业一样。如果我们把时间和注意力转向这个方向，一定意义重大而且能够泽被后世。

和外公一起盖房子的那个夏天，让我们加深了对彼此的了解。尽管他非常希望有一天能把手上的建筑生意交给我，但看着我手里拿着榔头的样子，他也很清楚，我的职业永远不会是建筑工。虽然我喜欢和外公一起工作，但我仅仅是个被叫去干活的小孩。再后来，冥冥之中，我变成了雕塑人的"建筑工"，学会了融入人的心灵。

在父亲和无数如父亲般指引我的男性身上，在母亲和我认识的无数了不起的女性那里，我学会了如何融入人的内心。我有幸认识他们，与他们分享生活，并一起工作。

我仍在学习如何做这份工作，我希望只要我还活着，我就还在学习。我相信一定会有更好的、更非同凡响的、更加健康全面的方式来养育我们所爱的男孩。

此刻，既然你手上拿着这本书，就说明你在寻找与众不同的养育男孩的方法。那就让我们继续为男孩的发展奠定新的基础吧！

刻意练习

1. **情绪图表**。制作情绪图表，并开始帮助男孩建立自己的情感词汇库。经常使用它并把它作为参考。

2. **情绪量表**。在一个没有矛盾的平和时间和孩子一起创建一个情绪量表，让孩子可以在情绪激动的时刻参考它，从而帮助他准确地分类生活中让他情绪变化的事件。

3. **固定的情绪空间**。和孩子谈谈情绪肢体化的表达，以及释放冲动的重要性。在家里找一个地方，可以作为家庭中任何人发泄情绪的空间，并集体讨论这个空间带来的体验。

4. **可移动的情绪空间**。买一个箱子或盒子放在汽车里，就可以让情绪空间的概念和你一起去任何地方（餐厅、祖父母家、从学校回家的路上等）。在这里装满压力球、指尖玩具、小哑铃、日记本或其他物品，让你可以从家里暂时逃离一段时间。

5. **定义男子气概**。在男孩成长的过程中，坐下来和他一起定义并持续重新定义男性意味着什么。借助媒体来评价当今世界是如何定义男子气概的，然后给出一个更恰当的新定义。

第三章

别让男孩在责备他人和
自我羞愧中摇摆

03

这种在责备他人和自我羞愧之间摇摆不定的状态是男孩经常可以感受到的。他们很难在这两者之间找到一个健康的中间地带，获得自我情绪的掌控力，并弥补自己搞砸的事情。

杰克是我的一个 16 岁的咨询对象，他的女朋友被父母禁足了。出于礼貌，女孩父母在拿走她的手机之前允许她给杰克发了短信，让杰克知道由于她在禁足，他们的周末约会不得不取消。

　　女孩向杰克道歉，因为自己做的选择最终也影响了他。她知道杰克一直在为他们的周末精心做计划，听到这个消息一定会很难过。确实，杰克生气地回复道："你的父母肯定是搞错了，我对他们的决定感到愤怒。"

　　女孩告诉他，回到学校以后再详细说，等禁足结束后再找时间约会。杰克等了大约 30 秒，然后给女友的父亲发了短信，他说自己已经为这个周末做好了计划，请他再考虑一下。

　　女孩的父亲回复了杰克，"我知道你很失望，也能理解你的沮丧，但没关系，一旦禁足解除，你们可以重新安排时间约会。"

　　杰克再次给女孩父亲发短信，说："你犯了一个严重错误，你以后肯定会为这个决定感到后悔的。"

谈到这里，我问杰克，从这位父亲的回复到他发短信告诉对方"这是个严重错误"之间，隔了多长时间。"也许一分钟吧，"他不情不愿地回答。我们接着讨论他能做些什么来厘清自己的思绪并重新思考他的回答。但当我们讨论如何补救这段短信沟通时，杰克却向我坦白对话并没有就此结束。

"你又给他发短信了？"我问道。

杰克承认了。为了后续咨询的顺利进行以及了解事情的后续发展，我让他拿出手机，大声读出这段短信文字，虽然他犹豫着要不要拿出手机，但他看得出来我并没有动摇的意思。接下来的短信对话是这样的：

女孩的父亲：杰克，我知道你很沮丧。而且我看得出来，你想在周六给我女儿创造一次美妙的体验。但是我知道你们很快就会有别的机会了，你们可以享受在一起的美好时光。我想给你提一个小建议，当你有明显情绪波动的时候就不要再发短信了。我明白，当你感触很多的时候，就有很多话想说。你是个好男友，并且我也知道你一定很失望。

杰克：我确实是个很棒的男朋友！我真的有很多话要说！我不想停止发短信，因为我想让你明白你犯了一个多么大的错误！

女孩的父亲：我知道你一定有很多话要说，但我确信现在不是说这些话的时候。让我们在激动的时候停下来。我期待以后跟你见面。

杰克：我想去你家里，让我们把这件事说清楚。我要见她，我要让你知道你犯了多大的错误。

女孩的父亲：杰克，现在不是你来拜访的好时机，而且现在也不是你和我发短信的好时候。不聊了，我们以后再谈。

杰克：你为什么要这样做？难怪你女儿宁愿对我敞开心扉而不是对你。

当杰克读到他最后一条短信时，我很庆幸这位父亲把女儿暂时禁足家中，因为他非常清楚，青少年有时会因为情绪问题出现过激行为。

责备他人和自我羞愧

我询问杰克，重读自己说的话时有什么感受。一开始，他试图把整件事最初发生的原因归咎于女孩的父亲。

我鼓励他少去想事情是怎样发生的，而是多想想自己的回复。他准备好迎接挑战，开始尝试着小心翼翼地去组织语言。

可不幸的是，他又被自卑心理困住了："我真是个白痴。我完全搞砸了。"

这种在责备他人和自我羞愧之间摇摆不定的做法是男孩经常可以感受到的。他们很难在这两者之间找到一个健康的中间地带，获得自我情绪的掌控力，并弥补自己搞砸的事情。

前段时间，我遇到了一个正在办理离婚手续的家庭。父亲有过两次婚外情。第二次是他的大儿子发现的，他看到了父亲亲吻另一个女人的照片。当真相大白时，他对儿子说："我很抱歉让你看到了那张照片。"但他从来没有说过"我很抱歉我做了那件事"。和许多男孩一样，他更担心自己被抓包的事情，而不是他自己做错了什么。如果男孩们不能获得自我掌控感，那么他们可能一生都困在责备他人和自我羞愧的樊笼之中。如果他们不能掌控自己的情绪，肯定也无法修复这些情绪所引发的事。

为了帮助杰克朝这个方向前进，我们一起花时间去设想女孩父亲要求他等头脑冷静后再进行的对话，而且杰克也努力去满足那位父亲的要求的情形。我将杰克心中的不满、心声和假想一一进行了剖析，让他头脑风暴一下，当他的情绪警报响起时，除了发短信，还能做些什么。

给情绪一些时间和空间

杰克愿意和我一起重新回顾这个过程。值得一提的是，在我们谈话时，短信事件其实已经发生有一段时间了。时间和空间可以改变我们所有人所有事的游戏规则，但我们却常常在男孩们没有做好准备之前，催着他们去建立联系或强迫他们进行谈话。请记住，在所有父母或孩子感到情绪激动的时刻，都不适合说太多话，言多必失。此外，这也不是管教孩子的好时机。

管教是关乎学习的。我们希望孩子们能从不同的事情中建立必要的联系，以便下次遇到新的问题时能够做得更好。如果他们不会调节自己，那么就无法建立事物间的联系。如果我们不会调节自己，那么我们可能会极度羞愧、严厉管教、大喊大叫或不断说教。

认识、调节、修复，是一个完整的管教过程。

杰克需要的是一个去回顾和展望的思考机会。他需要反思自己所做的事情，以便指引自己下一步怎么做。

他不需要我来告诉他答案，只是需要我作为参谋，帮助他理清发生了什么，以便在下次收到坏消息时，知道如何更好地处理事情。

展望式思考首先需要让杰克考虑该怎样与女友提起，他破坏了女友父母对自己的信任；还要制订一个行动计划，以弥补他对她父亲造成的伤害。

展望式思考也需要聚焦行动策略来对抗冲动，那种每个青春期男孩在特定时刻都很容易产生的冲动。

展望式思考还需要考虑再找一个周末，去把原定计划的完美约会实现。

不会回顾和展望思考的男孩们，就只能被当下的情绪所支配。但如果男孩们只会被情绪驱使，不加以思考的话，那么结局可能极其危险。

科技可以让男孩们做很多事情，其中之一就是即时交流。我们无须等待就可以打电话、发短信、发帖子。因此，我认为科技会慢慢驯化人类，使情绪调节的能力日渐退化，而不是朝着这一目标不断前进。

我们必须训练自己不要在情绪激动的时候立即做出反应，因为现在，我们不仅有类似手机这样的即时沟通工具，还天生就有这样即时反应的本能。近四年来，布里斯托大学的科学家研究了人们在 24 小时内的不同时段发布在社交网络（推特）上的内容有什么规律。他们分析了 8 亿条推文之后发现，包含分析性思维内容的推文发布的时间在清晨 6 点以后开始达到顶峰，而更冲动、情绪化的内容发布时间的峰值则在凌晨 3 点到 4 点之间。这一信息也解释了为什么对青少年来说，夜间把手机放在远离卧室的位置去充电，会更受益。我听到过无数父母说他们经常发现孩子们在半夜上网，发一些有破坏性内容的短信、帖子或者做其他事。

不管在一天中的什么时候，每个人在情绪激动的时候发帖子、发短信、发推文或反驳他人观点时，都更容易受到"推特风暴"（用户在推特上快速且连续发布讯息的行为）的影响。在我看来，调节是我们作为成年人可以做的最重要的情绪工作之一，我们可以以身示范，并把这一点教给我们爱的孩子。我们只能把孩子带到自身曾抵达过的最远的彼岸。如果调节情绪对作为父母的你来说是一个难关，那我们就以此为始吧。

如果孩子们在这个世界上他们最信赖的成年人身上都看不到这一点的话，那么他们很可能会变得消极被动，很难学会积极主动地去面对问题。

用写日记建立心理免疫系统

无独有偶，几年前，我给另一个年轻人做过咨询，跟杰克的案例有点像，他天生对外界的反应就有点消极。他会在课堂上把答案脱口而出，打断正在讲话的朋友，对他的兄弟姐妹吹毛求疵，有时甚至还会挑衅他的教练。

"千里之堤，溃于蚁穴"。最终，这个坏习惯也让他陷入了困境。他的父母曾经发现他在给女朋友发的短信中表达了对女友的爱，表明离不开她，如果他们分手，那他就无法一个人继续活下去。这段短信对话源于他和女友之间的一场冲突，这场冲突让女友感到这段感情的脆弱，而且她觉得自己要对男友负责，并为他的人身安全感到担忧。所以，女友让自己的父母联系了男孩的父母，以确保他们知道短信内容和其中人生无望的语气。

男孩的父母很明智，坐下来和男孩一起面对这个问题。男孩向他们保证，他并没有伤害自己的计划，只是在绝望的时候说了这些话而已。他的父亲跟他说，他非常能理解这种心情，也懂得爱一个人的感觉，能够想象没有那个人的生活的恐惧感。这位父亲和儿子在一起处理问题的时候怀着无比的同情心并和他同频共振。他帮助男孩换位思考，想象他的女朋友在阅读他的短信内容时所承受的压力和责任。

从前，这位父亲把写日记当作对儿子的挑战，而且还给他买了一个日记本当作礼物。现在，他鼓励儿子把日记本作为一个记录自己想法和感受的载体。他提醒儿子，如果没有一个安全的地方来疏导内心所有的想法和情绪，那么，给别人发短信就会变成最有诱惑力的发泄方式。

这位父亲告诉儿子，他在短信里表达的内容很适合写在日记里。他可以在今后的某个时刻重温曾经写下的想法，思考一下那是否还是他目前的状态。这位睿智的父亲还说，"我希望你把自己内心的想法和感情通过写日记的方式向外释放出去，这在任何时候都是一个万全之策。不然的话，这些情绪会被困在身体内，成为身体系统里的病毒。"接着，他又询问了一些很好的问题，帮助儿子把这些事情联系起来，让他看到他是如何通过依赖女朋友来克服自己内心的恐惧的，而不是依靠自己。

他的父亲继续帮助他区分了借助他人作为援助之力，和通过使用工具来调节自己情绪的区别。我经常在办公室里讨论这个问题，让男孩独立学会让自己的身体和大脑冷静下来是至关重要的。在帮助男孩们培养管理情绪的能力时，始终需要一个人在场会造成两个坏处，首先，这让他们误以为自己没有能力独自完成这项工作；其次，这会给他们未来的朋友、配偶，甚至可能是孩子带来大量不必要的责任和麻烦。这也为我们刚刚讨论的锚定模式埋下了隐患。因为，锚定是一种懒惰的情绪工作，而写日志则需要坚持不懈、持之以恒。

对于那些需要思考或反省的问题，男孩常常会不假思索地说"我不知道"。如果能把这些问题写下来，就会促使他们形成一套自己的思想，如此一来，他们会建立起一套属于自己的心理免疫系统。接下来就让我顺水推舟，谈谈帮助男孩建立一套心理免疫系统的重要性。

回想一下，当你的儿子小时候感冒或感染了病毒，你第一次带他去看儿科医生时，医生或护士可能会说，"嗯，虽然他很难受，但至少他的免疫系统正在变得更强。"我们都知道，当身体在对抗任何疾病时，免疫系统都会在这个过程中得到加强。

那么，当孩子们面对困难的环境，面对涌上心头的复杂情绪，或者在生活中解决问题时，也是同样的道理。虽然很痛苦很挣扎，但至少在这些时刻，他们正在建立一个更强健的心理免疫系统。

写日记可以让孩子们在建立心理免疫系统的过程中茁壮成长。这个方法能让他们以一种深思熟虑的方式处理情绪，重构困难的情形，建立自尊并增强对自身的理解，回顾过去和展望未来，并在睡觉前清理大脑中的想法。

我有一个朋友是大学里的社会工作学教授，2020年疫情肆虐期间，我询问她学生们是怎样度过此次疫情的。她回复说，她的学生们似乎更有韧性地经受住了疫情的考验，只因为他们掌握了其他学生没有的技能。因为，她要求每个学生写日记来作为每周的评分作业。在写日记的过程中，他们还必须制订一个自我关爱计划，并确定眼下对他们行之有效的应对技巧。

这种练习是她从教以来一直使用的方法，在这次新冠疫情期间使用并不新鲜。这是个长远的规划，并且在这个举步维艰的非常时期，恰好能以一种独特的方式为学生提供帮助。

希望我们的男孩们能像这些学生一样具备有效的应对方法，不论遇到什么，都能以生活本该有的方式体验生活、享受生活。

成年人的指导和反馈

特别需要注意的是，写日记需要不断地付出努力。但是什么都不写，让一切付诸东流似乎更为简单容易。就像回答问题时说"我不知道"一样，让自己情绪崩溃，比修炼自己让情绪平静下来要容易得多。

调节情绪的工作费心劳力，从来不是件轻而易举的事。但是，这对培养情感能力强大的男孩至关重要。这和锻炼肌肉需要体能和体型训练没有区别，因为没有人躺在沙发上就可以保持身材健美。

值得庆幸的是，大多数男孩都知道训练的必要性以及如何训练。但是，没有一个职业运动员是自己训练自己的。成功的运动员大多都有专业的教练站在场边指导并提供即时反馈。

这种情绪训练也不例外，男孩子也需要指导和练习。如果他不能从父母那里得到很好的指导和反馈，那么父母可能需要去请个外援来指导他。虽然大多数男孩会抗拒这种练习，但我认为这种训练不仅很关键，而且非常必要。

把健康放在快乐之上

回想起上周的咨询，我和来访家长都忍俊不禁。这家儿子在四年级时被诊断出患有多动症，之后接受了一位多动症医生的指导训练。孩子一开始是接纳的，但最后却很不情愿甚至抗拒。于是他们中断了训练，在孩子中学时又找了一位心理治疗师。他们在联系我之前，已经接受了六位不同的临床医生的治疗，包括学习专家、多动症医生、儿童和青少年治疗师以及精神科医生。这位父亲评价说："一定是他们的方法不对，没有激起我儿子配合治疗的意愿。"

我告诉他，不是医生的方式有问题，而是他儿子对治疗本身的抗拒。其实，大多数走进我们咨询和治疗大门的男孩都在犹豫和抗拒之间徘徊。在我看来，大多数男孩看待心理咨询的方式就好像男人看待结肠镜检查一样。每个人都知道这是一桩好事，但没有人对做这件事感兴趣。这两种感觉都是侵入性的，就像有人在"多管你的闲事"。

这个比喻让我们捧腹大笑，然后我要求这对父母不要关注不同医生的做法，而是把注意力转移到儿子的健康上。我发现很多做家长的，总是一味地追求孩子们的快乐，却牺牲了他们的健康。我希望他们清楚地告诉自己的儿子，让他知道，父母已经听到了他的心声，知道他不想跟任何人见面，但这次不再是他一个人的决定，他不用单枪匹马孤军奋战了。

诸如此类来找我们咨询的情况还包括：在篮球场上与对手的一次交锋，在课堂上对老师大喊大叫，在家里经历无数次情绪爆发的吵架事件，以及从学校打来的电话说孩子曾告诉过同学他正在考虑自杀等。

和许多男孩一样，这个年轻人的情绪自控能力极其有限。

他都已经快过 16 岁的生日了，但父母还是非常担心而不敢让这个易怒、易冲动、情绪失调的孩子开车。我提出了自己的想法，也引起了孩子父母的担忧：如果他不尽快掌握一些技能，他很可能会找到新的途径，比如把滥用药物作为治疗疼痛的手段。因为截至目前，他已经养成了用电子产品麻痹自己的习惯，当被要求关掉手机、iPad 或游戏系统时，他经常会大发雷霆。

所以我把谈话的重点放在了孩子的健康上，并希望他的父母把这个决定看作是带孩子去看儿科医生、去找牙医洗牙或在暑假给孩子报辅导班一样，是生活中再平常不过的事。虽然没有一个活蹦乱跳的健康孩子，会求着爸妈带他们去医院打针、扎手指，或要求找牙医去除他们的牙菌斑。然而，作为父母，我们肯定会带着自己深爱的孩子去做这些事，因为我们知道这与他们的身心健康息息相关。

即使是溺爱孩子的父母也不会允许未成年的孩子滥用药物，因为这是危险和非法的。同样，我们也会给孩子们设定界限，要求他们做家务，加强"无规矩不成方圆"的教育，并严格管教。因为我们知道，这些都为孩子的成长提供了安全和保障。我们这样做不是为了让孩子们开心，我们这样做是为了他们的健康。

> 把健康放在快乐之上是爱的标志。

把健康放在快乐之上是爱的标志。

设定可量化、易操控的目标

帮助孩子们保持健康包括为他们创造良好的环境，让他们继续发展自己的长处，同时补足自己的短板。

几年前，我报名过一家健身房，这家健身房的健身套餐包括三次免费的教练指导。我之前从未请过私人教练，当时觉得可以尝试一下新鲜事物，也不用额外支付费用，就报了健身课程。我记忆犹新，第一次上课时我像一个第一天上幼儿园的孩子一样早早地来到了健身房。教练比我年轻 20 岁，身材也明显比我好。第一节课开始了，教练问了我几个关于之前身体状况的问题。他询问的问题越多，我心里就越没底，对健身就越缺乏信心。我觉得他肯定能从外表看出我是一个有三个孩子的中年父亲，但我还是诚实地说明了我的现状，来降低他的期望，让我以初学者的速度前进。

锻炼 20 分钟后，我真的感觉快要吐了。我在水池旁往脸上泼冷水，心想，为什么会有人花钱找罪受呢？"免费"训练后的第二天，我再一次有了这个想法，那时我的肌肉酸痛到快让我灵魂出窍了。

我的身体迫切需要休息，因为我的肌肉羸弱无比。尽管我希望锻炼"情绪肌肉"的过程不会带来同样的痛苦，但需要特别注意的是，我们的孩子在锻炼他们较弱的"情绪肌肉"时，也可能面临很大的困难。

我在前面说过"调节"，它的本质也是一项需要付出努力的练习或训练。与我第一次遇到让我"灵魂出窍"的健身教练不同，我鼓励你根据孩子的情感技能和性格来调整练习的节奏。在设定目标时，尽你最大的努力让它们可量化且易操控。

在办公室里，我和男孩们一起做过很多设定目标的工作。我发现，他们往往倾向于设定很大且有挑战性的目标。虽然我很欣赏男孩们渴望自我鞭策的样子，但我经常发现这是因为他们其实缺乏相关经验，并不知道如何设定目标。许多人都会在他们制定的目标上挣扎，原因显而易见，因为他们在尝试达成目标的初期，就发现自己把目标设定得太大、太不切实际了。

举个例子，生活中有许多想坚持跑步的人，他们一开始就挑战报名参加马拉松比赛，而不是开启一段有趣的短跑或 5 公里跑。对于初跑者来说，跑 42 公里实在太远，也不科学。我们可以考虑从 5 公里开始，然后到 10 公里，跑几次半程马拉松，最后再尝试全程马拉松。实现较小的目标会增加我们继续前进的欲望，也让我们看到沿途的小成就、大风景。

和许多大人一样，男孩们也很难设定容易量化的目标。许多在学校学习成绩不是特别好的男孩会写下诸如"我要更加努力学习"或"学习更多"之类的目标，而不是"各科成绩都在b或以上"或"每晚多做15分钟数学题"。这些目标还可以包括每周的两个下午请家教辅导学习，每周六早上花两个小时为大学入学考试做准备，或者一周做三次大学入学考试练习题。大家看到这些目标是多么具体，多么容易量化了吗？

男孩们需要来自外界的指导，来帮助他们制定既可量化又容易管理的目标，无论是身体、情感、关系还是精神上的目标。这样一来，他们会持续为自己树立一个美好的愿景。而且，目标设定还与复原力和成长心态有关，如果做得好，它会带来无穷无尽的好处。

和爸爸一起树立人生愿景

帮助男孩制定目标的另一个好处是，训练他们为自己所希望达到的目标树立愿景。我曾经为无数初高中的男孩进行心理咨询，他们的共同点是无法清楚地表达自己想要开启的下一个人生新篇章是什么样子的。我问的不是他们20年后会做什么，我说的仅仅是两三年后，高中毕业后的生活。但是，他们不知道自己是否想上大学，是否想步入工作岗位，还是要参军，或者是度过一个间隔年。我不指望一个 16 ~ 18 岁的年轻人能把自己的未来都规划好，我也并不担心一个不确定自己想上哪所大学或想学什么专业的年轻人的未来，但是，对人生的下一步有一个大致的规划是一件很好的事。

我深知男孩们都渴望理想，这是他们与生俱来的天性。没有理想的男孩容易受到很多事情的伤害。从蹒跚学步到成年早期，我们都希望帮助男孩们找到属于他们的目标，比如在家里、在学校和社区，在运动和课外活动时，以及在人际关系中。男孩们对目标是有使命感的。

设定目标不仅能激励男孩们思考未来，为他们自己树立人生愿景，还能让他们朝着目标前进，充分发挥自己的一技之长。

最近，我和一位父亲聊天，他大方地分享了一段他和他的朋友们共同参与的"父子之夜活动"。他们几位父亲会带着自己正处于青春期的儿子们一起约定去露营过夜，共享快乐时光。我始终相信，沉浸于享受之中的成长经历已经是某种意义上的成功。你也可以参考这位父亲的做法，比如带孩子去露营、水上乐园、游乐园、酒店、看电影、听音乐会，等等。还有其他涉及学习与欢笑、交谈与联系、体验与享受的事情，都可以和孩子一起经历，共同成长。

"父子之夜活动"会以盛大的篝火晚会和晚餐开始，然后是玩手电筒捉迷藏游戏，之后会有一段相互分享的愉快交谈时间。

第二天有徒步旅行、信任散步和寻宝游戏，还有一些其他父子可以共同参与的活动。这些活动或游戏都有机会可以让父子俩推心置腹地谈话和坦诚地分享。

很多孩子都说，他们借此机会听到了许多前所未闻的事情。其实，大多数父亲都会在父子活动的某个时候悄悄哭泣，而在这个时候，男孩子则可以从父亲的眼泪中感受到周围男性内心真实存在的情绪。他们不仅能亲眼看到男人的脆弱，还能看到这些大人在他面前分享痛苦、希望与悔恨。

在父子活动中，每一对父子都会拿到一张被分成四部分的白纸，他们称之为四象限。在最上面的两个方格中，他们要描述外在自我和内在自我。外在自我是总结别人是怎样描述自己的，自己所做的事情，以及对这个世界来说，自己轻而易举就能展现出的那一面。内在自我主要指自我描述，包括一些不那么明显或不为他人所知的事情，还有心中的恐惧和希望，以及想说但还没勇气去表达的事情。下面的方格是写各自生活中的成长经历，那些塑造了他们性格的事件。一个写过去的经历，一个写最近的经历。

父子们会围坐在篝火旁,互相分享交流这四个象限的内容。这个分享会一直持续到第二天早上,他们怀揣着对彼此的问题回家,并在接下来的几周里互相询问对方,而这些问题仅仅只是让谈话、反思和沟通继续进行的一种方式。

上述的父子活动,不论是父母、祖父母还是辅导老师都能轻而易举地做到。这种"父子时光"可以是组建一个读书俱乐部或小组,也可以是每个季节一起过周末,或者每年一次的家庭旅行。总之,促成这件事的关键要素只有两个:时间和意愿。

这样的反思自省实践活动旨在帮助男孩培养更加丰盈的内心生活。男孩需要清晰地表达那些塑造了他们成长的经历,鼓起勇气谈论自己的内在世界,表达出内心的希望和恐惧、欢乐和悲伤。俗话说,"不打无准备之仗",这种表达内心情绪的能力也会帮助男孩们在日常和朋友相处时,在将来的婚姻和养育子女中有应对的法宝。如果一个男孩不能在自己的生活中表达自我,那他也很难在与他人的人际关系中表达自己的真情实感。同样,如果他不能在一个他尊敬且信任的大人身上看到其不断自省,那么对他来说,培养这种自省技能就会是一项艰难的挑战。在后文中,我会一次又一次地提醒你,帮助孩子发展"情绪肌肉"的最好方法就是让他在所爱的大人身上看到"身教",而非"言传"。

刻意练习

    1. **主题日记参考**：一段美好的回忆；一次感到害怕的经历；对未来的期许；如果我有超能力；在夏天我最喜欢的事；三个关于我的有趣的事实；书或电影中我最想遇见的人物，以及原因。

    2. **自我优势评估**：在一张纸的中间画一条竖线。一边列出优点，另一边列出缺点。并考虑使用这个优缺点列表来帮助你制定一些目标。

    3. **满意和不满意的事**：列出这一阶段你满意的三件事和不满意的三件事。

    4. **分享情绪高潮和情绪低谷**：一家人轮流在餐桌上分享一天中情绪最高兴和最崩溃的时刻。

第四章

帮男孩走出情绪困境

04

生而为人，注定要经历痛苦。但同时，希望如不灭的火炬照
亮黑暗。我们无法选择或舍弃其一，只因磨难与希望共存。

在与一个新家庭第一次会面时，我会带孩子们参观我们的"明日之星"办公室，享用一些零食或饮料，和几只治疗犬玩一会儿，最后在某一间办公室里不经意地提起他们为什么会来到这里。我想先通过学生一样的视角，听听孩子的看法，为什么家人会给他安排心理咨询。事实表明，听到不同年龄段的孩子口齿清晰地表达各自的原因和咨询需求还是非常有趣的。其中有的男孩说"我不知道"或者"这其实是我父母的主意"，也是非常常见的情况。

碰到这样的情况，我会接着追问："那依你来看，你觉得父母为什么要安排这次会面？"最近我就遇到了一个这样的孩子。一个患有严重焦虑症的男孩（由于一直否认此事实，病症已隐藏多年）在我问起来这里的原因时答道："我不知道。"显然，他在跟我交流时闷闷不乐，而且对父母的预约感到气愤不已。

我从来不会让男孩用"我不知道"这个回答敷衍了事，因为这不仅是一种懒惰的情绪反应，也是情绪技能不发达的表现。

我会让他去做最合理的猜测，虽然他一再抵抗和拖延，但他似乎意识到我不会就此罢休。最后他坦白，那天早上他给父亲发了短信，问为什么要来做心理咨询，并想取消预约。我让他大声读出那段短信的内容，看看我们能不能一起想想办法。

"你为什么要让我去做心理咨询？"对于这个问题，他的父亲给出了六个明确的理由。首先，因为呼吸道和胃部的问题，男孩去看了好几次儿科医生。但是，经过医生多次检查和扫描，并从头到脚都进行了评估后，并没有发现任何身体问题。他父亲还说，男孩的女朋友经常给他发短信，说她担心男孩"恐慌发作和勃然大怒"。与此同时，他的老师和教练也表达了类似的担忧。当他读完了父亲列出的需要进行心理咨询的理由清单之后，我问他对父亲的话有什么感受。

他回答："这些都不是真的。"

这就是男性口中典型的否认。尽管他的母亲、父亲、医生、老师、教练和女朋友都对他进行了全方位的观察和评价，但是他仍然不愿承认自己有问题。我发现他之前见过三名心理咨询师，每位预约一两次就再也不肯去了。

我向他的父母强烈建议，是时候停止让他自主选择是否需要帮助了，要尽快提供给他对他来说最重要的东西。

父亲还列举了儿子在开车时用酒精进行自我麻痹的事例。

我建议他们对儿子进行药物测试，如果发现他在持续用药，就拿走他的车钥匙。尽管来自四面八方的可靠消息已让父母提心吊胆，但他们还是让男孩继续开车和约会，为他支付汽油费、保险费和手机话费账单，还有每月的零花钱。虽然在物质上男孩得到了全力支持，干什么都能自己做主，然而，他还在痛苦挣扎，整个家庭也都因为他不愿意接受心理治疗的帮助而倍受煎熬。

在我和他父母见面的过程中（大约 25 分钟），男孩不停地给他父亲发短信，当父亲没有回复时，他连续打了五次电话。父亲拿出手机给我看他"连环 call"的次数，说："如果我们没有立即回复信息，他就会这样做。"焦虑的男孩往往情绪高度失调、不受控制，无法忍受等待带来的不适。他们总是没完没了地问问题，博取别人的关注，并在自己束手无策之时，把自己牢牢地锚定到某一个能成为他们救命稻草的人身上。

我提醒他的父母，在孩子毕业、搬离父母家、独立生活之前，留给他们的时间非常有限。时间不等人，要想让孩子具备应对这种妨碍性焦虑的能力并提供持续支持，就要赶快行动起来。不然很快这对父母就会失去对孩子成长的掌控权。这样的年轻人上了大学，会很容易地对某些事物上瘾。为了抑制焦虑或减轻抑郁，他需要越来越多的药物来麻痹自己的不适感。

这种无益的死循环会导致情感上的羞愧和滥用药物的后果，又会因为隐藏坏习惯和要用说谎来掩盖而滋生更多的羞耻感，进而滋生新的需求，恶习最终循环往复。

行为表象下的情绪

这个患有焦虑症的年轻人提醒我们，有时候，事物的表面现象有迷惑性。焦虑的男孩通常看起来很死板顽固、控制欲强、追求完美、易怒或暴躁。对于男孩来说，焦虑症当然可以表现为害怕和担心，不过大多数时候，它看起来是激动和暴躁的。

抑郁的男孩有时看起来悲痛欲绝和无精打采，但更多时候是易怒和反复无常的。曾经有一位母亲这样描述她抑郁的儿子：“长期情绪不好，每天早上醒来都表现出轻微的烦躁状态。”这个小男孩不是在床上哭，而是大声尖叫和反抗。

当我们去思考焦虑症和抑郁症男孩的行为特点时，我们常常会想到向内的。因忧虑而内向，或因悲伤而孤独。事实上，这样的男孩当然可以表现为内向，但很多时候，他们的情绪是向外爆发的。情绪如火山般喷发，大喊大叫、打人、扔东西、威胁别人。

我的咨询经验告诉我，作为抵抗焦虑的一种方式，有一部分男孩（通常是长子）会表现出典型的完美主义、控制欲和过度表现。无论是在学习上还是在运动上，他们的抑郁更像是内心被深藏的愤怒驱使着，外在又极力去取悦他人和表现自己。无论这个小男孩的出生顺序是什么，这种行为，都会导致他们模糊优秀和完美之间的界限。他们把成功的标准设定在不合理的地方，要求自己去做一些不可能的事情，以努力摆脱他们正在经历的困难情绪。

有趣的是，过度表现其实是一种伪装的麻木。因为没有能力去处理生活中的难题，所以要用外在表现来平息内心的狂风暴雨。这样的孩子会根据内心感到失控的程度，竭尽全力去控制外在的一些因素，如人、结果、形势或环境。他们在试图平息一场正在内心咆哮的风暴。风暴的声音越大，控制的需求就越迫切。

求助不是软弱的表现

我经常和男孩们谈起，汽车仪表盘的功能设计是用来提醒我们怎样更好地保养汽车的。当轮胎气压低、需要换油或例行维修保养的时候，我们就会在仪表盘上收到警告信号。只要我们对信号做出反应，及时给轮胎充气、为车换油，或灌满挡风玻璃清洗液，汽车就会在路上稳稳地行驶。

如果发动机指示灯闪烁了，那么它可能在预警一个更大的内部问题。根据车辆型号的不同，简单来说，可能这意味着只是该预约做检查或者保养了，或者是提醒我们车子需要多加小心。同样，我希望男孩明白，我们的身体也是这样工作的。身体和汽车一样有内在的信号和警报，提醒我们需要注意什么。你的身体可能会向你发出这样的信号：心跳加快、背部或其他肌肉发紧、胃部感觉不适或头部紧张。我们的身体会以多种方式释放情绪信号，并通过肢体语言表达出来。

情绪就像轮胎、汽油或雨刷液的提示灯一样，提醒我们一天中需要关注的事件。焦虑和抑郁更像是发动机指示灯，一个提示我们麻烦可能会发生的警报器。

我们都知道，长时间忽视检查发动机指示灯可能会对车辆造成重大损害。那些可能存在的内部问题如果不加以处理，将会损害整个操作系统。

为了更形象地使用这个类比，我经常解释说，有时候我们需要对汽车的保养亲力亲为。比如我知道怎样给轮胎加气和加玻璃水，有些人知道如何给车加机油。然而，很多时候，我们更需要一个汽车修理师的加入——一个有专业知识的人来帮我们找出解决方案。

大多数男性都很乐意把他们的车交给汽车修理师打理，但是很少有男性愿意把自己的健康交给专业人士，如心理咨询师、医生或教练来管理。从外部渠道获取帮助是一件明智而负责任的事情。我们要承认自己不可能知道某件事的一切。接收到警报后，寻求外界的帮助并不是软弱，而是智慧的表现。在我看来，换个角度看问题是聪明的表现，并不是无能。

走出情绪困境的基本方法

我为年轻人做的情绪工作总是以情绪命名 / 呼吸 / 应对为始。这些是情绪调节工作的基本要素。虽然它们听起来是那样的基础和简单，但殊不知在我认识的男性中有多少人没有掌握这些基本的概念。就像学习阅读的基础知识对一些孩子来说可能比其他孩子花费的时间更长一样，学习情感的基本要素对一些男孩来说也可能要花费更多的精力。

成长发育、性格和身边的榜样都会影响学习的效果。当男孩越大，教他这些技能就越困难。我们都知道，年龄越小学习一种新的乐器或第二语言就越容易，情感能力的学习也是如此。我建议男孩尽早开始学习，并提醒他们永远都不会太晚。当你读这本书的时候，无论你的儿子（或丈夫）多大，请再听我说一遍，一切都不晚。你可以随时开始学习新技能，只是学习的时间可能需要更久。

性格肯定会起到一定的作用。有些男孩思想更开放、更好学，有些人则顽固执拗，不易接受指导；有些男孩的思维方式较固定，有些男孩则形成了成长型思维；有些男孩乐观，有些男孩悲观。你要做的就是朝着上天赋予孩子的核心气质和他成长过程中自然发展的方向走去。在教授这些技能的时候，要顺应他的性格。

如果一个男孩的父母没有足够的情感词汇，也没有正确健康的应对技巧，那么男孩就没有机会看到一个合格的榜样。家长要和孩子一起学习，我鼓励你们用语言表达，说出和孩子一起进步的过程。我相信，当男孩们听到父母承认自己在曾经的成长历程中也没有表达出自己的感受，甚至也还有一些功课要做时，会倍感欣慰。

情绪命名

如果你手头有一张情绪图表，那么给情绪命名就容易多了，因为它把填空题变成了多项选择题。男孩们不需要再绞尽脑汁去想这种情绪是什么，他们可以简单地参考图表来匹配当下的情绪。我对父母设置的挑战是，在一家人一起分享生活和闲聊生活中的事件时，尽可能多地寻找机会在日常对话中加入情绪词汇，比如在餐桌上、开车时、家庭散步或周末远足时。

作战呼吸法

深呼吸法是一种基础的训练方法，经过大量研究证实它可以让大脑和身体平静下来。在为男孩治疗的初期，我会教他们使用放松的呼吸技巧。从关于大脑的基础知识开始，我会讲述血液是如何在我们的大脑中流动的。当我们平静的时候，大部分血液都在我们的大脑前额叶皮层处徘徊。前额叶皮层容纳了大脑的前庭区域，不仅能帮我们理性思考，还可以帮我们管理自己的情绪。

当我们情绪激动、感到焦虑或担心时，血液会流向大脑后部的杏仁核。杏仁核是大脑中触发战斗、逃跑或僵住反应的部位。这个时候，人会处于高度兴奋的状态。我们的任务是让血液回流到大脑前部，这样我们就可以理性思考并管理自己的情绪。呼吸是让血液从后部回流到前部的最高效的方法。

早些年，我曾和美国海豹突击队、陆军游骑兵以及特种部队成员及他们的家人一起工作过。在谈到情绪管理时，有一位士兵提到了作战呼吸法。他们分享说在军队里这是一项必备技能，因为士兵们不可避免地会意识到自己正处于生死关头，需要让自己的大脑和身体冷静下来，从而做出深思熟虑的、理性的、战略性的决定。对于男孩来说，相比"深呼吸"，我更喜欢"作战呼吸法"这个概念，因为它回应着我们大脑和身体中正在进行的战斗，以及为理性思考和调节情绪而进行的不懈努力。

在实践中，我会带领男孩进行1~3分钟的"作战呼吸"，最后问他们有什么感觉，有没有注意到身体发生了什么变化。我让男孩们看我手上的手表，并注意我开始使用"作战呼吸法"呼吸前和呼吸结束时的心率分别是多少。他们发现，只要做几分钟的作战呼吸，我的心率就能一直下降。这有力地证明，掌握这种随时随地都能使用的技能，对我们每个人都有好处。我让男孩们在计时测试前，在赛场边的休息席上，在罚球线上，在艺术表演前，在邀请女孩跳舞时，或者在与父母进行一次艰难的谈话时使用这种方法。它的好处真的是无穷无尽的。

应对技能

培养应对技巧是"武装"男孩的下一步。我会让各个年龄段来找我咨询的年轻人带着一份写有"五大情绪宣泄法"的清单离开我的办公室，帮助他们把情绪引向其他有建设性的方法上。我在前文中提到过，当男孩们情绪汹涌时，会有强烈的肢体上的释放欲。因此，我希望这份清单包括一些身体运动，比如投篮、遛狗、跑圈、跳蹦床，做引体向上、俯卧撑、箭步蹲或者仰卧起坐。提个建议，第二章中讨论过的情绪空间可能是一个把"五大情绪宣泄法"清单挂起来的好地方。

我经常教孩子们一些可以实际应用的技巧，当情绪把他们引向过去或未来时，让他们聚焦当下。焦虑存在于过去和未来，它是对已经发生或将来可能发生的事情的担忧。焦虑的典型表现就是无意义地反刍过去或者杞人忧天般地思考未来，而一些实用的技巧可以让男孩们回到现在。

这些技巧包括倒计数法，辨认房间里每一样有特定颜色的事物，或者通过五感观察法来辨认自己目前能看到、闻到、听到、尝到和触摸到的东西。当大脑陷入担忧或绝望时，这些是让大脑重新运转起来的认知任务。这些技巧是认知行为疗法中经过充分研究的有效策略，男孩们可以随时随地做这些事情。

在帮助不同年龄的男孩创建五大情绪宣泄法的列表时，我有一条原则，那就是"不使用电子产品"。正如我之前提到的，使用电子产品是一种逃避，而不是一种策略。但是，当男孩在情绪命名、作战呼吸法、应对技能这几个方面都变得熟练时，

家庭教育

打开孩子世界的 100个问题
有趣的
亲子对话魔法

打开孩子世界的 100个心理游戏
温暖的艺术互动魔法

易怒的男孩
刻意练习
带孩子走出
情绪困境

亲子日课
每天10分钟的
"家庭仪式感"

对孩子说"不"
父母有边界，
孩子守规则

从我不配到我值得
帮孩子建立
稳定的
价值感

甩掉焦虑这只章鱼
孩子焦虑的
真相与应对
方法

陪孩子走过青春期
破解
青春期孩子
沟通难题

不分心不拖延
高效能孩子的
八项思维技能
(实践版)

拥抱抑郁小孩
15个练习
带青少年
走出抑郁

厌学的孩子
11个练习
带孩子
走出困境

运动健身

运动健身
图书购买链接

量化健身
原理解析/动作精讲

金州荣耀
金州勇士8年4冠典藏
全纪录

中国球星风云录II
记录中国足球的美好年华

解谜益智

解谜益智
图书购买链接

**变形金刚
视觉史**
画述变形金刚
发展史

**变形金刚
决战塞伯坦三部曲创作集**
动画全景解读

古蜀之谜纹蜀碑
三星堆考古主题
木质机关解谜游戏书

古蜀之珑岭无字碑
三星堆考古主题
解谜游戏书续作

镜之书:天启谜图
故宫主题互动解谜游戏书

我就会同意让他把"冷静（Calm）""暂停（Pause）"或"头部空间（Headspace）"这样的 App 加入他的资源宝库，但男孩特别容易一开始简单地试用一下这些应用程序，最后就变成无意识地浏览页面其他内容了。使用这类应用程序就相当于是研究生阶段才做的事，但是我们只能在完成本科学业后才开始攻读研究生。

情绪命名／作战呼吸法／应对技能的技能是帮助所有男孩对抗焦虑或抑郁的起点。在这里要特别注意的是，所有男孩的父母都可以和孩子一起学习这些基本策略。对于一部分男孩来说，这些技能可能足够让他们开始与担忧、焦虑、绝望和抑郁做斗争。但对另一部分男孩来说，他们更需要另一个声音和来自外界的支持——一位能够与男孩和他的父母一起解决问题的专业人士。还有些男孩可能需要药物作为情绪治疗过程中的一部分。对于需要额外支持的男孩来说，寻求儿科医生或精神科医生的帮助是有益且非常必要的一步。

我不仅建议遇到这样问题的家长们对外界的支持持一个开放的态度，而且更鼓励家长们积极乐观地看待它：谈谈获得心理健康资源的益处，说出心理健康资源给自己带来了怎样的惊喜，并讨论生活在一个人们把心理健康和身体健康看得同样重要的时代的优势。

如果你不能确定儿子的情感能力发展处于什么阶段，我强烈建议你先咨询他的儿科医生或经验丰富的临床医生，可能需要医生进行检查或评估，以准确描述症状和当下的状况。有疑问的话，就大胆去寻求帮助吧。因为在当下这个男孩占据了大量可怕的统计数据排行榜的时代，这样做不仅能让你安心，还能帮你确定在需要时寻求帮助的正确路径。

根据我的经验，男孩们极有可能会以惊人的速度从担心过度发展到全面焦虑，或从悲伤发展到自我伤害。为了更好地爱我们的男孩，让我们尽可能多地走在前面吧，让我们宁可多支持他们一点，也不要少一点。

痛苦是生而为人的一部分

不久前，我读到一个名叫德文·莱韦斯克的男人的故事，他的父亲在经历了离婚和 2008 年金融危机风波后自杀了，当时他只有 16 岁。

成年后的莱韦斯克决定去参加纽约市马拉松比赛，希望提高人们对心理健康的认识，并为退伍军人筹集资金。

他的故事引起了各地媒体的关注，因为他不仅选择了跑马拉松（这本身就是一项壮举了），还选择了用熊姿势。是的，你没看错。他选择了在地上爬42公里来完成这项挑战。你可以试试绕着自己家房子爬一圈，体验一下用这种姿势移动哪怕一小段距离有多么不舒服，然后站起来体会一下你的背部感觉如何。

我被他日常训练本身所要承受的自律和痛苦所震惊，更不用说完成比赛了。

他希望借此机会引起人们对心理健康的关注，这让我深受鼓舞。他的祖父和父亲都是健美运动员。莱韦斯克本人是一名健康和健身专家。然而，跳出自身的形象，他更想让人们注意到身体和精神上的强大意味着什么。

我知道很多男性都身体强壮，心理上却不强大；还有无数的男性在事业上很强大，但面对家庭事务时内心很脆弱；还有一些男性精神上很强大，但心理上却不强大。

我记得我第一次接触到自杀，是关于一名非常优秀且成功的医生自杀的案例。这位医生有一位美丽的妻子，四个年幼的孩子和坚定的信仰，他还是所在教会的领袖，在社区里广受尊敬。但他却在沉默和隐瞒中独自与抑郁症作斗争。作为一名医生，他在工作中照顾了无数的人，却唯独忽视了自己。

他不仅是一位成功的医生，还是一位经验丰富的投资人。他有无数的投资经历，投资产品令人印象深刻。但当市场崩溃时，他的精神也崩溃了。他的一生中经历了太多的成功，几乎没有失败，而金融危机是他完全不曾预料过的，像许多考虑自杀的人一样，他开始相信他的痛苦超过了自己所能承受的极限。

在工作中，我曾经接触过无数父亲自杀的家庭，沉浸于他们的故事之中无异于感受着生命不可承受之重。那种感受不仅仅是心碎和失去，还有内疚和羞愧，疑问和恐惧，以及无法用言语表达的沉重。

带领这些家庭走出不解、怀疑、悲伤和绝望无疑是一项神圣的工作。这份工作本身也是我想写这本书的动机之一。我不想让任何一个男孩、一个青春期的男性，或者一个成年男人相信他的痛苦超过了他所能承受的一切。我希望男孩们在遇到问题时，能够拥有技能、工具、关系和情绪资源。

贝尼塔·查特蒙博士在《美国男性健康杂志》上写道："抑郁和自杀被列为男性死亡的主要原因。在美国，每年有 600 万人受到抑郁症的影响。"这也意味着，平均每分钟就有一个人自杀。

胡子月基金会（The Movember Foundation）是一个呼吁关注男性健康的全球社群和慈善机构，他们报告称：

男性通常不愿意公开谈论他们的健康状况，

或者他们对重大生活事件的影响有何感受；

男性在身体或心理不舒服时更不愿意采取行动，而且

男性从事着风险更大的活动，对他们的健康有害。

报告还称，"这些行为通常与传统的男子气概密切相关。为了要表现得坚强和坚忍，男人常常感到压力。"他们拒绝支持和帮助，经历着更多的无力和绝望。

焦虑和抑郁在女孩、更年期妇女和成年女性中更为常见。然而，相比较而言，女性更愿意坦承自己在经历痛苦并寻求支持。尽管愿意求助的男性数量较低，但不必惊讶，抑郁症和自杀仍被列为男性死亡的主要原因，或者说每天每分钟都有男人自杀。

为了我们爱的男孩，我们必须对抗现实，要尽自己所能在养育男孩的过程中让他明白痛苦是生而为人的一部分。

陈述自己的感觉

生而为人，注定要经历痛苦。但同时，希望如不灭的炬火照亮黑暗。我们无法选择或舍弃其一，只因磨难与希望共存。

如果困难注定是人生方程式的一部分，我们需要让男孩们学会表达和驾驭它。根据统计数据来看，我们还有很长的路要走。我们要努力让男孩学会描述自己的沮丧，说出自己的焦虑。要知道，让孩子变得病态的不是从嘴巴里传递出来的东西，而是深埋在身体里寂静无声的东西。

男孩更倾向于确定自己在想什么，而不是陈述自己感觉到了什么。打破这一点很关键。我们可以引导他们去思考自己多久回答一次"你现在感觉如何"这个问题，并且用自己的想法而不是感情来回答。了解自己的想法很重要。思想影响情绪，情绪影响行为。这三者相互联系又相互独立。我们要了解这三者之间的相互作用，不然可能会终生受困于此。

你在想什么？

你有什么感觉？

你想做什么？

这三个基本问题可以帮助男孩从迷茫中分辨并确定前进的道路。当我们准备向生活中的男孩询问这些问题时，请记住两个重要的原则：

1. 男孩要想回答好，需要时间和练习。他们的"情绪肌肉"需要成长和发育。

2. 只有当血流在前额叶皮层附近徘徊时，他才能很好地回答这些问题，从而使他能够理性地思考并管理自己的情绪。

情绪命名 ⇔ 作战呼吸法 ⇔ 应对技能

如果我们试图在男孩情绪激动的时候问他这些问题，就像和一个醉汉争论一样。他头脑不清醒，因此不能深思熟虑地回答。此时，在给情绪命名之前，通常要先使用作战呼吸和应对技能。我知道这意味着把情绪命名 / 作战呼吸法 / 应对技能这三者的顺序打乱了，但这是一个更常见的排列顺序。我将在本书中继续讨论这个问题。应对和冷静是第一位的。对于男孩来说，与其说是情绪命名、作战呼吸法和应对技能，不如说是技能应对、作战呼吸法和情绪命名。

变换情绪调节策略的顺序可以改变男孩和父母之间的游戏规则。这样做有利于男孩的成长，也减少了男孩和父母的争吵。我并不是说它每次都完美无缺，但我确信它会提升成功的概率，以及带来更深层次的理解。

用写作整理思绪

在我的孩子上小学的时候，学校经常布置写日记的作业。显然，这些作业是为了培养他们的写作技能而设计的。我一直认为，与培养情感技能相比，发展写作技能是次要的。我女儿上一年级的时候，每个学生都要写一年的日记。他们可以简单地写下自己的感受和经历，如果写不出来，也可以根据课堂老师提供的日记主题进行练习。老师会在看后给他们留言反馈，于是日记就变成了一个可以交流思想和神圣对话的沟通空间平台。在学年结束的时候，老师会让每个学生带着日记回家。它既是一年的"时间胶囊"，也是师生关系共同成长的纪念。

我记得我的女儿曾和我们分享过她的日记。字里行间渗透着她的内心世界，记录着发生在她身边的点点滴滴。我一边读着日记里这几个月来的对话，一边流着眼泪。这本日记到目前为止依然是我最喜欢的关于她的童年纪念品之一。

我们每个人都可以从写日记中获益。我在上一章中分享过，我觉得自己有责任帮助更多的人把写日记这个习惯捡回来，尤其是在孩子们更愿意花时间去网上发帖子、发推特和发信息的当下。他们总是把此刻的想法第一时间向全世界发送出去，而不是静下心来思考自己的想法和感受并写成长篇文章。写日记为人们提供了一种以更积极的方式去整理自己所思所想和切身感受的空间，然而科技给人带来的则是更加被动的反应。

辩证行为疗法（Dialectical Behavior Therapy，简称DBT），发展于20世纪80年代，是一种基于证据的心理疗法，被用于治疗情绪障碍、自杀意念、自我伤害和药物滥用等方面。

DBT认为有三种意识状态，即理性思维（逻辑和理性）、感性思维（心情和知觉）和智慧思维（理智和情感）。其中智慧思维是理性思维和感性思维的结合体。

你可以在家里体验一下辩证行为疗法，假设发生了某种情况，然后写下你的三个主要想法，可以是你的感受、情绪或身体症状。最后，根据自己的想法和情绪，记下你最终做出的决定或行动（无论是健康的还是不健康的，有益的还是破坏性的）。这一疗法的目标是平衡思维逻辑和情绪，让你在遇到压力时能创造出更多积极的结果，最终在想法、情绪和行动之间建立更强的联系。

无论男孩是在过度担忧、极度悲伤、充满焦虑还是抑郁中挣扎，他都能从建立想法、情绪和行为之间的联系中受益。写日记可以帮助男孩在这方面建立更牢固的联系。

洞察真相的四脚板凳法

有一个办法可以帮助男孩们把事实融入这些联系，我称它为"四脚板凳法"。我的办公室里有一张凳子，我把它作为一个可视化工具。我让男孩坐在凳子上，确认它很结实。这时我会问，如果我把四条腿中的三条去掉的话，会有什么感觉。他们看着我，好像这是一个脑筋急转弯问题，然后我们一起哈哈大笑，坐在一条腿的凳子上的想法太奇怪了，因为连两条腿的凳子都坐不稳。大多数男孩表示，他们最多愿意尝试三条腿的凳子，但还是觉得四条腿的稳当些，不会摔倒。

我递给他们一张纸，让他们写下这四个词：

想法

情绪

行为

事实

然后，我让他们把想法和情绪作为凳子的前两条腿，然后把基于想法和情绪的行为当作第三条凳子腿。

我们经常会发现自己有多种想法和感受，有时还有很多与之对应的行为举动。举个例子：一个小男孩最近在餐桌上做数学作业，他在遇到很难的数学题时大喊道："我做不出来！我讨厌数学！"然后他开始在责备和羞愧之间摇摆不定。"我的老师用了我根本不懂的方式教这个东西。"当他的妈妈试图帮忙时，他喊道："你都不知道你在做什么。你根本就没教对（责怪）。"然后，他又朝着另一个方向怀疑自己："我真是个白痴，大家都知道我是班上最笨的人（羞愧）。"这些想法（即第一条凳子腿）会在几分钟内接连出现。

然后我们转到情绪（第二条凳子腿），小男孩写下了沮丧、害怕和绝望的感觉。

至于他的行为（第三条凳子腿），他说了负面情绪的话，当妈妈提出帮助时他对妈妈大喊大叫，甚至还扔了一本教科书。

最后，我让男孩用一些事实真相（第四条凳子腿）来反驳这些想法、情绪和行为。在与之前的经历（时间和空间）保持一定距离的情况下，我让小男孩写下目前的真实情况。

他写道：

其实我的数学很好，但有时我会为此感到沮丧。

我上次数学考试得了 98 分。

我不是个傻瓜，因为我是班里分数最高的读书小组的一员。

如果我需要帮助，我妈妈总是愿意帮忙。

我其实应该每三十分钟休息一下。

我们本可以继续说下去，但我让他讲完五个事实后停下来了，因为能意识到这些已经足够了。

再举个例子：一个十八九岁的男孩在选拔赛中被淘汰了。他泪流满面地开车回家，一进家门就把背包扔向厨房，当母亲问他今天过得如何时，他对着母亲大喊大叫，还一脚把亚马逊的快递踢到餐厅另一头。

我带着这个男孩做了同样的练习，此时已经和事件发生时的状况不一样了。以下是他列出的事实：

我情绪激动的时候不应该开车。

没被学校选进球队意味着我们学校有很多优秀的运动员。

过去我参加过很多球队。

我不应该被我的运动能力所定义的，我是完整的自己。

男人总是把自己的身份与表现联系在一起。

在说出五个事实后我也让他停下来了。值得注意的是，这两个男孩在练习这个方法时都花了一段时间。其实，我相信他们中的任何一个人都可以在不必写下来的情况下完成四脚板凳法，但是通过书写，他们可以尽可能多地掌握这个方法并从中获益。不然，男孩们很容易从板凳的任何一条"腿"上抄近道。

这样一个简单的练习可以让男孩们对自己的想法、情绪和行为之间的联系有更多的洞察力。四脚凳练习提醒我们要让自己跟着事实真相走，而不是被一时的想法和情绪所驱使。我们需要努力培养这种洞察力和技巧来应对侵入性的想法和强烈的情绪。

识别、调节、修复。

正如我前文所提到的，我将在这本书中继续讲述，这是我们为所爱的男孩所做的最重要的工作之一。我称之为终身的情感力量训练。

刻意练习

1. **四脚板凳法**：带领男孩完成这个综合练习。年龄较小的男孩可以通过画画的方式表达或把答案口述给家长。请家长帮忙记录在笔记本上供参考。

2. **脚踏实地的技巧**：当大脑在奔向对过去和未来的恐惧感时，再次利用颜色游戏、数数游戏和 5-4-3-2-1 感官法（通过五种感官进行情绪工作），作为一种把思绪锚定回到现在的方式。

3. **作战呼吸法**：让男孩练习深呼吸，注意长吸气和慢呼气。有条件的话可以戴着智能手表或心率监测器，这样他就能清晰地看到，伴随着重复练习，自己的心率是如何减慢的。

4. **警报和信号**：让男孩列出他的身体在对抗压力、焦虑或抑郁时发出警报的方式。看看他身体的"电路图"里有没有什么特殊的信号灯。

5. **寻求帮助**：如果对男孩的状态心存疑虑，可以先向他的儿科医生或心理医生咨询。当孩子有焦虑或抑郁倾向时，宁可在给予孩子支持时用力过猛，也千万不要因为吝啬支持而酿成大错。

第五章

母亲和父亲的使命

05

把这段情绪调节旅程的短期和长期益处记在心里。从短期来看，这次调节经历会让妈妈成为孩子幸福的捍卫者，而不是他情感上的生命支柱。从长期来看，你是让男孩为与生命中所有会遇到的其他女性建立起健康关系而做准备，而不是为了自己的生存而利用或离不开她们。

我遇见了一对有一个四岁女孩和一个六岁男孩的可爱父母，他们说两个孩子都有暴躁的情绪和强烈的反应。这位母亲说她在这两个孩子身上都看到了自己的影子。在最近的一次咨询访谈中，她说某天早上，孩子的外婆哈哈大笑道："老话说得没错，有其父（母），必有其子（女），你的孩子可真像你。"看着孙辈们控制不了自己的情绪，外婆仿佛看到女儿的小时候，脑海里闪过了许多曾经养育她的瞬间。

　　这位父亲是独生子，他不太能理解兄弟姐妹之间的竞争和较量。他开诚布公地承认，自己在调节两个孩子的关系上举步维艰，很容易被他们的冲突和崩溃惹火。

　　我们讨论提到了情绪空间，以及持续尝试和练习会有什么效果。他们都认为这个方法对整个家庭都有帮助。我们又谈及可以根据孩子的成长状况使用情绪图表和一些其他的方法。三个月后，他们又来做后续的咨询。我问他们是否尝试了使用情绪空间，他们说不仅在尝试，而且孩子们已经掌握了空间的所有权，还在集思广益为情绪空间增加更多东西。女儿有一桶美术工具，她会把她心中的强烈情感画出来，给它们起名叫愤怒的安妮或悲伤的苏珊。儿子在情绪空间里有一个迷你蹦床，他会一边跳一边数数，或者大喊大叫，以释放大量强烈的情绪。我问孩子父母，是否也愿意经常去那里体验它带来的好处。

这位父亲笑着说："孩子妈妈总是送我去那里。"他的妻子点头表示同意。他接着说："结婚十年了，她对我了如指掌。我一进家门，她就知道我今天过得怎么样。"妻子经常会说："孩子们，我看得出来爸爸今天压力很大。他打算在情绪房间里待上几分钟，然后再和我们一起吃晚饭。"

因为他爱着并信任着妻子，能够接纳妻子的提议定期去情绪空间释放自己，这同样对他大有裨益。

这位父亲接着讲述他的经历。有一天，大概在我们第一次见面的两周前，他下班后遇到堵车，回家晚了，他迫不及待地冲进家门与家人共进晚餐。饭桌上，儿子兴奋地在讲他今天的故事，正讲到兴头上，突然不小心打翻了一杯牛奶，洒了满满一桌子。爸爸瞬间暴躁起来，对儿子大发脾气。他流着泪对我说："我百分百确定，那个时候我肯定让我爱的儿子很没面子。但懊悔也无济于事，这一切都是因为我从来没有学会控制自己的脾气而造成的。"他接着说："能让孩子们目睹我也在发生改变，别提有多激动了。我们是为了孩子来做心理咨询的，但我和其他人一样，还有很远的路要走。"

我喜欢他的感悟能力，我欣赏他的诚实。我们和孩子一起成长，孩子并不是唯一经历改变的人。养育子女是一项艰苦的工作，它会促使我们更好地成长。

在"情感拉锯战中"的母亲

父母是原生家庭的地基。一段和谐的夫妻关系能让孩子生长出自我的认同感、目标感和责任感。在这种家庭里，孩子才能够学会如何命名情绪和引导情绪。

帮助男孩在情感和社交方面成长需要父母付出巨大的努力。在前几章，我分享了一个蹒跚学步的孩子跟着他的妈妈在房子里走来走去的故事，每次他一有观众，就会崩溃。这种锚定模式对男孩来说是本能。如果不去改变的话，这将继续成为他们的情感和关系策略。我认识很多青春期男孩，为了谈判和争论，跟着妈妈在家里不停地转来转去。我曾经听一个八年级的学生说："我最终会把我妈妈拖垮的。"男孩逐渐明白，只要他在争论中停留的时间足够长，妈妈就会厌倦这种反反复复的争论，并最后屈服于他的要求。这种模式不仅对母子关系是危险的，而且还会让男孩习惯于利用所有与他有关的女性的关系来减轻他的不适。

我称之为"情感拔河拉锯战"，许多情绪资源不足的男孩都依赖这种情感和关系策略。这个策略让他们不必通过解决问题来摆脱困难的情绪或环境。沉迷于情感拔河中的男孩需要懂得使用巧劲的父母及时放下拉锯的绳子。放下绳子这一行为就像是在说："我太爱你了，一切都不值得争吵，争论到此结束吧。"或者："我已经给了你答案，只不过你不喜欢。现在我要回房间去了，你可以随意想办法来克服自己的情绪。"又或者："我看得出你在为我的回答而纠结。我是来支持你的，但不是来当你的出气筒的。"

无论回应是什么，让我们从同理心开始，然后转向问题或界限本身，这是为培养孩子足智多谋的能力而奠定基础的方式。请记住，当其中一方把绳子松开，拔河比赛就结束了。而无论对方喜欢与否，你总是可以选择松开绳子，然后走开。这个过程可以通过同理心与支持、界限与力量、爱与智慧来实现。

当然，我们不必把绳子粗暴地扔到地上，而是可以带着关爱和同情轻轻地松开它。如果我们不去培养这种技能，男孩就会让我们无休止地玩"情感拔河"的游戏，以此来回避自己的情绪波动，拒绝解决问题，并逃避学习健康的心理应对技巧。

这有点像睡眠训练。你还记得在孩子婴儿时期建立睡眠习惯的时候，给他裹上襁褓，亲吻他的脸，把他放在婴儿床上，然后离开房间是多么困难吗？父母之所以要做艰难的睡眠训练工作，是为了以后孩子睡觉时，不再需要另一个人在场来安抚他的大脑和身体。如果孩子能够安定下来的唯一方法是被父母摇晃着、喂奶或紧紧抱着，那他便永远学不到早期的自我慰藉的技能，因为这是调节的基准。

几年前，一位母亲找我咨询，她说家里有一张家庭床，儿子自出生起就和父母一起睡，并按需护理，有求必应。她说自己从来没有打过一个"没有被儿子的某个需求而打断"的电话。只要她一给别人打电话，儿子就会出现。等这个男孩 8 岁的时候，他已经把妈妈当成"自动提款机"了，他一天 24 小时不停地在"取款"。一旦他有任何需要，都会叫醒妈妈，大声吼她、命令她，或者要求她马上来。她说，养育他就像一直有一个 22.7 千克重的婴儿挂在身上。他有无尽的需求但生存技能却为零。

要知道，随着男孩的成长和发展，打断他的锚定模式是至关重要的。我们希望他学会情绪调节。如果他无论是在睡眠、清醒，还是恐惧、沮丧的时候都不能让自己平静下

> 当其中一方把绳子松开，情感拔河拉锯战就结束了。

来，那他就没有能力驾驭各种生活中的不适。

摆脱"责备—羞愧"怪圈，重获情绪掌控权

正如我们讨论过的那样，男孩与母亲的关系陷入困境的另一个原因是责备。在面对失败或失望的时候，男孩往往会先指责别人，然后再指责自己。这些年来，我遇到过不计其数这样的男孩，责怪母亲、老师、教练、女朋友、兄弟姐妹、同学和朋友。

当找不到东西时，男孩会责怪妈妈没有把东西放在正确的位置，但不会考虑可能是自己放错了地方。

如果考试搞砸了，他们会责怪老师没有使用正确的教学方法，而不是承认自己可能没有充分学习或准备。

如果没有得到想要的比赛成绩，他们会责怪教练没有让他们做好准备，而意识不到可能自身练习得不够。

当兄弟姐妹之间发生冲突被大人批评时，他们会责怪自己的兄弟姐妹挑起了事端，而不是承认自己的过错。

这样的例子不胜枚举。男孩往往在责备和羞愧之间摇摆不定。他们很难抵达趋于中间的健康地带。

责备　　　　　掌控权　　　　　羞愧

　　责备就像是说："是你的错！""是她让我这么做的。""老天爷没有让我做好准备。"或者"是她在找我麻烦。"

　　羞愧类似于说："我真是个白痴。""我是这个家里最差劲的成员。""我就应该去死。"或者"我不配活下去。"

　　责备和羞愧这两种状态都是不健康的，而且没有任何帮助。不仅会让男孩失去积极的自我掌控感，也无法让他理清自己的杂乱思绪。责备意味着转移和回避问题，羞愧则包括自我轻视和伤害。这些都不能让人进行自我修复或解决问题。

　　健康的自我掌控感始于血液从大脑后部流向前额叶皮层。这种调节的过程让男孩能够理性思考并管理自己的情绪。一旦他处于比较稳定的状态，我们就可以和他一起尝试使用上图中的调整过程，帮助他在摇摆不定的过程中学会建立联系。有些男孩只会指责别人，有些男孩本能地感到羞愧，还有许多男孩则在两者之间反复摇摆。根据你的印象，你可以让孩子写下几句他曾在沟通过程中说过的关于责备和羞愧的话，这将会对他很有帮助。

从这里开始，帮助男孩说出一些对事物不同的表述，让他更快地接近可以健康地自我掌控的中间地带。例如，"我没有得到想要的分数，是因为我没有做好充足的准备。"或者"我因为玩 iPad 游戏发了脾气，但其实你已经告知我还剩多少时间能玩，并给了我五分钟的提示时间。"又或者"我讨厌比赛的结果，但我上周的确没有花太多时间练习。"

这些陈述会帮助男孩建立情绪与事实的联系，帮助他把自己锚定在事实和积极的自我掌控感上。在这个方面继续发展下去需要付出长期的努力，这不是一个男孩一天就能精通的。对于许多年轻人来说，更常见的情况是进两步退三步，进步中夹杂着一些倒退。这取决于他被困在锚定模式中的时间，可能是稍稍前进了几步，然后又后退了好几步。把长远的努力放在心上，继续提醒自己，或让别人提醒你，帮助男孩打破锚定模式和培养应对情绪技能的重要性。

把这段情绪调节旅程的短期和长期益处记在心里。从短期来看，这次调节经历会让你成为孩子幸福的捍卫者，而不是他情感上的生命支柱。从长期来看，你是在让男孩为与生命中所有会遇到的其他女性建立起健康关系而做准备，而不是为了自己的生存而利用或离不开她们。

我们想让他在关系中体验满足感而不是生存感。我们希望他既能愉快地享受自己和他人的关系，又能对这段关系有积极的贡献。如果他总是依赖某段关系去生存的话，那么这两样他都做不好。男孩的人际关系应该增加他的幸福感，而不是维持生命发展下去的源泉。

既然你选择了利用这种方式来支持儿子的成长，那就让我们看看母子关系之间的三个独特使命吧。我认为人类学家兼作家吉娜·布里亚（Gina Bria）对此做了很好的阐述：

母亲对儿子的抚养最重要的就是选择在合适的时间退出。希望我的两个儿子都能从我这里学到，他们既可以随心所欲地在家里扎根，也可以在世界上自由地驰骋。

母亲与男孩相处的三个使命

建立安全感

母亲在男孩的生活中扮演着重要的角色。在男孩的人生旅途早期，母亲就是他宇宙的中心，男孩就像一颗行星一直绕着母亲转。母亲的怀抱是世界上最安全的地方。我相信男孩总是会把自己最真实的一面展现给自己的母亲。

不幸的是，他们最真实的一面包括最好的和最坏的。虽然我也希望男孩总是展现最好的一面，但事实是两者都有。出于提供安全感的考虑，母亲的目标是成为一个共鸣板，而不是儿子言语上的出气筒。男孩们经常把两者弄混，他们在这方面需要大量的帮助和指导。

我认为母亲们说出"很抱歉你心情不好，但这并不意味着你可以拿我出气"之类的话很重要，或者说："我看得出来你现在很难过。你现在需要什么帮助吗？"我们总是想让男孩变得充满智慧，但很多母亲忙于成为男孩的情绪出气筒，以至于没有余地让他发展足智多谋的能力。

询问男孩诸如"你需要什么？"或者"我要怎么帮助你呢？"之类的问题可以帮助他朝着成为拥有智慧的人的方向成长。这些问句也能传达出我们的关切，我们相信他是这样的人，我们认为他有能力克服困难。因为一步跳到解决问题本身对他来说反而会释放相反的信息——说明他并没有足够的能力解决这个问题。

请记住，当男孩在建立情感技能时，很容易制造"人质危机"，就像他们玩"情感拔河拉锯战"一样。我知道"人质危机"这个词听起来有点夸张，但我认为它很准确。男孩们总是不惜付出巨大精力也要绞尽脑汁把母亲拉到自己的困境中，在从事心理咨询工作 25 年之后，我对男孩的这种执着仍极感兴趣。当指责他人的"游戏"失败时，他们往往会转向羞愧和自我鄙视，让自己继续深陷其中。他们似乎很早就知道，母亲们不会对"我是最坏的孩子"或"没有人爱我"这样的话置之不理。

多年前，我遇到过一位母亲，她的儿子聪明绝顶，遇到任何不如意的事情时，都能熟练地诱使母亲进入他的"情感拔河拉锯战"之中。他利用自己敏锐的认知技能把这种拉锯当作竞技场。此时，母亲意识到她必须马上回到自己的房间，关上门，远离儿子企图操纵和引诱她的行为。她形容儿子是"纠缠父母的奥运会金牌得主"。他还很喜欢越界。当母亲回到自己的房间，关上房门，给自己一些空间思考和呼吸时，他会不经允许就打开门走进来。母亲不得不锁上门，他就会靠在门上说："什么样的妈妈会连自己儿子说话都不想听呢？"

讽刺的是，其实这位母亲听儿子争辩、谈判和纠缠的时间比我在工作中认识的任何一位父母都要长。她逐渐意识到，这种倾听是无止境的。这种倾听的目的不是为了让儿子的心声被听见，而是为了让她改变主意，满足儿子任何他想要的东西。

就像恐怖分子会给你设圈套来满足他的要求一样，男孩也会出于同样的目的把你挟持为"人质"。真诚的倾听与支持和为了满足他的要求而被"绑架"是有明显区别的。了解两者的区别并避免后者至关重要。对于情绪能力差、又善于操纵他人的男孩来说，中断"情绪拔河拉锯战"和"人质危机"是发展健康母子关系的必要条件。既倾听孩子责备和羞愧的心声，又巧妙地避免进入他的陷阱是保护这段关系的方法，同时还能帮助他培养必要的情感技能。

正如我们在前面的章节中讨论过的，很多时候男孩不能很好地解决问题，除非他们释放了一些肢体上的压力，并让血液回流到前额叶皮层，这样他们才可以再次理性思考。带孩子去情绪空间，挑战让孩子独自去，或者我们自己去，都会增强情绪能力，让我们更加智慧地处理情绪问题，也让我们从情感的拉锯战中解脱出来。

学会放手

引导孩子变得智慧地处理情绪问题，又帮助他培养技能，也为母亲带来了下一个目标。随着青春期的到来，男孩开始和父母适时地分离，亲子关系也会慢慢发生变化。关系本身没有停止，它只是需要进化。此时的男孩说话会更少，喜欢独来独往。在这一发展阶段，他们在亲子关系中的参与度很低，也更难沟通。

这个时期需要更多的创造力。依我的经验来看，这种分离往往是笨拙的，而不是轻松利落的。尤其是对于家里第一个出生的男孩来说，因为这是每个人的头一遭——是他的也是你的。多年来，母亲一直是他宇宙的中心，他一直向母亲靠拢，但是现在却慢慢地疏远母亲。我认为母亲们意识到这种转变并以祝福的心态看待它是非常重要的。她们可以坦然地和男孩们谈论他们正在经历的身体和情感上的变化，以及周围的关系如何不可避免地都发生了微妙的改变。我认为关键的是，母亲要对孩子说："虽然感觉关系和以前不同了，但这并不意味着我们不能保持亲密和沟通，我们只是在学习用不同的方式交谈和联系。"对于一个母亲来说，当男孩进入青春期时，更多地学会与他肩并肩地对话而不是耳提面命地聊天是件好事。

这里有一些小建议：你们可以继续若无其事地和家里的狗一起散步；在他投篮的时候捡回球，在篮筐下聊天；观察他晚上在什么时候更容易开口跟人讲话，也许他还想让你进他的房间帮他挠挠背，要知道人在黑暗中往往更容易交谈，也更自然；在车里或餐桌上跟孩子聊天，把食物作为打开他心扉的主要工具。

与此同时，你可能会发现他更愿意多花点时间和父亲、教练或老师在一起。在整个青春期，男孩都以独特的方式渴望得到成年男性的关注和认可。阻碍这种需求或与之竞争对你毫无帮助。如果离婚是你人生中的插曲，或者你与孩子父亲的关系比较复杂，那可能需要花费更多的努力。在我看来，你的任务是做自己的事，让孩子自己从他与父亲的关系中获得和体验他所需要的东西。

如果关于孩子父亲有很多复杂的因素，那么你的儿子需要利用自己的时间和精力把和父亲的关系连接起来。这些年来，我接触过太多的男孩，他们的妈妈都在代替他们填补空白，而不是等待他们依靠自身去建立这些联系。于是我看到母子间因此不断滋生怨恨，甚至对母子关系造成了不可挽回的伤害。有些男孩很早就建立了这些联系，但有些男孩直到长大才开始做这件事。等待这一切的发生可能会非常艰难，甚至令人倍感煎熬。

在这种情况下，母亲要坚持问孩子积极的问题，他可能需要你做他的共鸣板和智囊团。相信我，他并不是要和你一起对父亲做出负面评价，他只是需要你侧耳倾听，好让他倒出肚子里的苦水。当你有疑问的时候，不断地问问题，同时肯定他正在做的努力。这样做会让他更加有智慧，并在未来的关系中受益匪浅。

如果你的儿子因为某种原因与父亲失去了联系，你的任务就是在生活中引入其他值得信任的男性声音。这个人可以是他的祖父、叔叔、老师，或者是一个亲密朋友的父亲。他需要你的支持和祝福，并在你们的关系力量和他对男性联系的需求之间架起桥梁。当你坦白地对他说："作为母亲，我也不能确定你从少年到成年的过程中到底需要什么，会遇到什么问题。"相信这样的话语会无形中给他力量。与此同时，如果他的身边有一个值得信赖的男性，帮助他获取信息，创造一个可以提问的空间和一个可以亲密沟通的环境，对他的成长和未来发展来说至关重要。

保持情绪稳定

这就引出了我们的第三个使命。在蹒跚学步的孩子闹脾气和十几岁的孩子躁动不安的时候，保持情绪稳定可能是母亲面临的较大挑战之一。我要再次强调，保持情绪稳定并不意味着妈妈要成为一个出气筒，容忍男孩的不尊重。这个目标仅仅意味着你要给他们带来力量与爱的平衡。

保持情绪稳定意味着也许你会被他们的言语和情绪所影响，但这并不会干扰你。保持情绪稳定让我们把男孩的身心健康放在快乐之上。

长期以来，我都相信，只有保持情绪稳定，我们才能够忍受生活中可能不情愿做的种种事情，比如儿科诊室的抽血、打针、洗牙、学校各类测试，午睡，按时就寝，玩电子产品的时间限制和吃蔬菜。尽管内心可能是抗拒的，但我们还是做了所有这些事情，因为我们知道它们与孩子的长远利益和终身发展息息相关。

保持情绪稳定并不意味着我们完全没有情绪。恰恰相反，你会发现我反复在前文中提到过，让男孩听到从你口中说出自己的感受和经历对他有很大的好处。但说出你的感受和让他为你的情绪负责是有区别的。男孩对情绪的操控力绝不应该超过你。他们需要父母成为家庭中最坚强的存在。但坚强并不意味着父母不能受伤，不能流泪，或者不能吐露内心的情绪。这只是意味着，不能让男孩在家里通过制造"人质危机"的方式，让父母放弃他长远的身心健康，从而屈服于他当下的快乐。

我曾为一个16岁男孩的母亲提供咨询，这个男孩情绪激动时，会抛出匕首般锋利的言语攻击他的父母。为了让自己的需求得到满足，他会无所不用其极地去伤害别人。这位母亲很聪明，她并不想在满足儿子要求的过程中，把他变成一个控制狂或好斗分子，她会定期提醒儿子，养育他的最终目标是与未来的儿媳建立良好的关系。

我很欣赏这位母亲，她以长远的眼光教育孩子，并为未来设定愿景。她意识到，如果把他变成控制狂会让他的下一段感情一团糟，可能她未来的儿媳会问："这家伙是谁养大的？"

母亲在帮助男孩学习如何与异性相处方面起着至关重要的作用，母亲可以告诉儿子，女性怎样才能感受到被尊重、珍惜和保护。如果母亲把建立安全感、学会放手和保持情绪稳定这三个使命放在首位，男孩就更能理解什么是合理的边界感和健康的人际关系。但是把母亲当作言语上的出气筒的男孩，长大后往往会把这种人际关系策略转移到生活中出现的下一位女性身上。

做一个真情实感的父亲

父亲也会教给男孩很多与异性相处的方式。如果一个男孩能在成长中近距离地看到父母用健康、有益的方式化解矛盾，那就为他以后的感情关系奠定了基础。他会慢慢开始认识到婚姻虽然麻烦但总充满神奇之处的。这种关系包括了父母双方是完全不同的人，一起生活，克服分歧，学会求同存异，尊重对方的观点，宽容和成长，并成为共同体。这种事的发生实在令人惊奇，它需要付出巨大的牺牲和爱，但是很少有男孩有机会观察到这个事实。不仅仅是因为现在的离婚率很高，还因为很少有夫妇让男孩感受这种健康的婚姻关系。这就是为什么多年来我对无数的父母建议，在深入研究育儿方法之前，先把注意力放在自己的夫妻关系上。

男孩同样需要来自父亲的力量和爱。在孩子面前，我们很容易陷入唱红脸和唱白脸的角色。其实孩子不需要父母二人一个一直严格死板而另一个永远和蔼可亲。他需要和爸爸妈妈各自建立双向沟通，并在两个人身上收获不同的东西。我建议无论是在婚姻状态中还是离异的父母都要定期进行自我审视，评价一下自己在平衡力量与爱、沟通与成长方面做得如何。父母可以作为夫妻一起做这件事，但基于婚姻关系的不同状态，如果有中立的第三方加入，孩子也会因此而受益。你们可以评估在哪些方面需要更多地保持团结一致；在哪些方面需要传递接力棒，腾出位置；以便让你们中的另一位在你有所欠缺的方面提供更有建设性的帮助。

如果你们的婚姻关系比较复杂，就像我要求妈妈们允许男孩利用自己的时间和方式去和爸爸建立联系一样，我也会以同样的方式要求爸爸们。没有男孩喜欢听爸爸说妈妈的坏话。如果男孩表达了对妈妈的不满，作为爸爸，你可以在一旁做他的参谋，同时总是提醒他两件事：

1. 妈妈非常爱你。（即使她在遇到问题时让关系变得更复杂。）

2. 以尊重的方式表达不满非常重要，你可以用自己的方式把问题解决得更好。

让男孩朝这个方向发展是为了更加尊重并重视母子关系。研究一直提醒我们，与父母双方都保持良好的关系会让男孩更健康。如果他表现得好像根本不需要父子或母子关系中的任何一种，这对他永远没有好处。几年前，我为一个 12 岁的男孩做咨询，他的父母正在因发生激烈冲突而准备离婚，出轨和酗酒只是其中的一小部分原因。

当他的爸爸醒酒并试图与他的妈妈和解时，她没有同意，并拒绝任何谈话。她告诉儿子，无论他爸爸说了什么，他总是会在某个时候食言。基于多年的伤害和背叛，她不愿意给他改变或重新开始的机会。

每次小男孩要求多和爸爸在一起时，他的妈妈都会表现出强烈的情绪，并列出一系列让他失望的理由。一天，儿子鼓起勇气说："我们在家里和教堂里谈论了很多关于宽恕的话题，但你却不愿把宽恕给我生命中最重要的人之一。不仅如此，你还不允许我和我爸建立自己的联系。每次你叫我别去他家，我都想多陪陪他，少陪陪你。"

他的话真实而发人深省，说出了一个男孩想要完全接触父母双方的心声。你需要评估自己在育儿的过程中能够做出哪些调整，以便为孩子能够完全接触父母双方创造条件。当他依靠自己，并且利用自己的时间，去和父母中的另一方建立联系时，要多注意你是如何为他提供方便的。

父亲与男孩相处的三个使命

建立认同感

男孩和男人一样，会把自我认同感根植于自己的外在表现上。想想我们似乎总是以"你是做什么的"开启一段对话，就好像职业是一个人最重要的标签似的。当我们问一个男孩"你做什么运动"时，也是一样的道理。不是说这些问题不好，只是我们要关注自己是否在引导他们。

多年来，我一直鼓励父母不光要在孩子赢了比赛后带他们去吃冰淇淋庆祝，比赛输了以后更要出去吃冰淇淋。这是一种强有力的沟通方式，因为：

1. 失去是人生活的一部分。

2. 我们本身不是由赛场上的表现来定义的。

3. 人与人的联结和快乐的发生是因为"你是谁，而不是你做了什么"。

输球后的庆祝可以清楚地传递给男孩这样的信息：我们的幸福并不是源于他们的比赛结果，而是因为看到他们享受自己喜欢做的事情而感到欣慰。不要在这个时候反思他们做错了什么，或者说他们本可以做得更好。我们可以问这样的问题：

1. 今天哪些人支持你了？他们是怎么为你加油的？（教练、队友或观众）

2. 今天你在场上或场下做了哪些有意义的贡献？

3. 你今天是为了谁而比赛的？你是如何表现的？

这些问题让男孩们学会反思，更有意识地关注心理状态，同时提醒着他们每段经历的重要性，并把自己锚定在所有人生活的终极使命上——认识自己并关爱他人。这样我们就能从萌芽阶段开始，帮助男孩把自己与赋予生命意义和目标的事物联系在一起，无论他们今后身处何种境遇，都能更加从容地面对。

"投资"和"被投资"的人际关系

这个问题可以超越球场和田径场，我们可以引导男孩去思考他们的人际关系：他们是如何"投资"自己的人际关系的，以及自身"被投资"的感觉。

能够听到身边的男性谈论起对他们影响最深刻的友情、感情和生活经历，对于小男孩来说颇为受益。我经常让男孩们说出妈妈最亲密的三个朋友，然后又问关于爸爸的同样的问题。几乎我认识的每个男孩都能轻松回答第一个问题，但在第二个问题上却要花很长时间去思考，因为男人通常不会以同样的方式优先考虑人际关系并为之花费心思。

正因如此，每每听到父亲谈论起自己是如何承担责任、与人真诚沟通以及轻松地与好哥们儿打成一片时，男孩总会受益匪浅。许多男性会在共同的兴趣爱好领域体验到最好的人际关系，比如打球、钓鱼、读书、听音乐或去旅行。如果你是父亲，请不要吝啬，一定要在儿子面前以成年男性的视角大方真诚地分享自己在这些活动中的亲身经历和切身感受。

> 每每听到父亲谈论起自己是如何承担责任、与人真诚沟通以及轻松地与好哥们儿打成一片时，男孩总会受益匪浅。

真情流露

男孩们需要听到身边的男性谈论起他们的失败和失望、希望和梦想。他们想知道，当爸爸遇到心碎的事情，感到恐惧或不安时，会怎样和男性朋友推心置腹地交谈。

男孩需要坐在餐桌旁，聆听生活中的男性谈论他们的一天——高潮或低谷、胜利或失败，以及外表下隐藏的情绪。小男孩需要看到，情感是真实存在于男人生活之中的。要特别注意，当你讲述时，不要总是给故事加上一个英雄般的结局。我们在讲自己的奋斗史时，常常喜欢加上大团圆、大胜利的结尾，但其实这并不是真实的生活。如果那样的话，当一个男孩真正面对生活中的至暗时刻，又无法立刻找到（或根本找不到）解决方案时，他会认为自己做错了什么。

男孩需要听到成年男性描述自己无能为力的感受。这个世界充斥着男人就该无所不能的故事和信号，仿佛在告诉他们男人在掌控生活时不应感到恐惧和不安。人们还经常用能力、确定性和胜利来描述男子气概。然后，当男孩们经历困惑、恐惧和失落等常见情绪时，会觉得自己不那么男子汉，就好像神经系统出了问题似的。

我最近正在帮助一个刚经历祖母去世的男孩。祖母是他生命中最重要的成年人之一。她曾有一次带着孙子来心理咨询室赴约，我向她打招呼，说能与这位杰出的年轻人认识并相处是一件多么愉快的事情。

我们握手后，她抓住我的胳膊，紧紧地握了一会儿。她深切而笃定地望着我的眼睛说："我全心全意地爱着这个孩子，他给我带来了太多的快乐。"她的眼里充满了泪水，就像我们谈论起自己深爱的孩子时那样。我心里想着，她一定能以某种方式看出我坚定地站在她孙子的背后，她相信确实会有另一个成年人帮她的孙子成为更好的样子。

在祖母去世前的最后几个月里，这个小男孩和她一起度过了很多时间。大部分时候，他和父母都陪着祖母在同一间屋子里，互相讲述着过去的故事，彼此倾诉着生活中的点点滴滴。

当临终关怀时刻到来时，他的父亲爬到祖母的病床旁边，拥抱着她，一想到今后再也不能靠近这个赐予他生命的女人，就情不自禁地哭了起来。他的儿子在一旁，注视着每一次谈话和交流。但当时这位父亲全然没有注意到这一点，因为儿子看起来很悲伤，他只是不知所措地把一只脚放在另一只脚前面。

几个月后，当这位父亲和儿子坐在一起，沉浸在失去母亲的悲痛中时，我提醒这位父亲，他以如此真实的方式陪儿子走出失去祖母的阴影，对孩子来说意义深刻。我告诉他，很少有男孩能看到自己的父亲表现出健康且正常的悲伤。失去亲人对我们每个人来说都是不可避免的，无论现在或将来，都没有人能够逃避。

基于这一现实，我们必须让我们所爱的孩子做好失去亲人的准备。不是否认或逃避，而是坦然面对。这位父亲展示了我们在这一节中提到的所有元素。他肯定了母亲在他生命中所扮演的角色，把自己和家人的关系放在首位，他让儿子看到，情感真实地存在于一个男人的生活中。我非常感激这位父亲能让男孩实时看到这一切的发生。

男孩还能敏锐地意识到，在失去亲人的过程中，父母是如何相互依靠的，父亲的朋友们是如何围绕在他身边的，以及社区是如何始终如一地帮助他们的。这是人性的光辉在人身上的体现，这个年轻人有幸目睹了这一切。

我们的孩子有时要面对生活中最糟糕的事情，有时要面对最好的事情。即使是最用心的父母，也会有处理不妥当的时候。当我们让孩子失望的时候，只要在"3R"原则中的"修复"上停下来花点时间，就有机会做出积极有益的榜样。

我曾经和无数父母一起交流，他们都坦承过自己在养育子女过程中最糟糕的时刻——那些脾气暴躁、反应过度的瞬间。最近，一位父亲坐在我的办公室里向我倾诉。有一天，他的妻子辛辛苦苦准备好了一顿有很多新菜色的美餐，他三次提醒儿子到餐桌前吃饭却无人应答，一上楼发现儿子居然还在玩游戏，于是他失去了理智，从墙上扯下插头，喊道："今晚你上床睡觉的时候，我要放火烧掉你的 Xbox 游戏机！"

我们一起大笑，那一刻他的话是多么荒谬啊！但后来我对他说："你可不是地球上唯一一个想把电子游戏公司夷为平地的父母。"我们不都有这样的时候吗？

还是这位父亲，他也曾和儿子就身体的成长和变化进行过最深层次且富有战略意义的对话。他和儿子一起读书、去露营，把露营变成一次开幕典礼，还进行过多达百余次的其他形式的深度交流。作为家长，他只是活在我们所有的现实状况中——在儿子面前既展现了最好的一面，也展现了最坏的一面。

为人父母，我们都希望做自己该做的事，过一种更加全心全意的生活，让我们的孩子体验到真情实感的流露。最终，我们都想成为孩子面前那个永远不会辜负他们的父母，成为能给孩子带来希望、欢乐与和平的人。

这是对我们作为母亲和父亲的最伟大的呼唤。它一直都是，而且永远都是。

刻意练习

1. **问有价值的问题：** 这些问题会激发男孩解决问题的能力，帮助他变得有智慧。这些问题表明我们相信男孩是有能力解决问题的，此外，还能让男孩更全面地阐述自己的经历和感受。

2. **一句话：** 在男孩最倾向于责备他人之时，想出一句能帮助他的话，比如："我太爱你了，我不想和你争论。"或"我很抱歉这个事让你心情不好，但这并不意味着你可以拿我出气。"这些话语可以让你远离"情感拉锯战"的陷阱，并帮他在未来拥有沟通的智慧。

3. **责备—掌控力—羞愧图表：** 一旦男孩完成了一部分情绪调节工作，让自己进行理性思考，并建立了一些必要的联系时，就可以使用责备 - 羞愧图表。帮他写下一些曾经说过的有关责备他人和感到自我羞愧的话，以便让他重新组织并建立一些有自我掌控感的语言。

4. **支持和贡献问题：** 问男孩一些问题，比如他曾经在哪里得到过别人的支持，又在什么时候支持过别人。这是一种让他向外思考和发展的方式，帮助他朝着目标前进。

5. **分享失败经历：** 作为父母，当你经历失败或失望时，请一定要调高音量，在孩子面前勇敢说出你的想法。经常谈论这些经历会让孩子自然而然地感到，失意和不完美是生活的一部分，同时也会帮助他避免陷入以能力、胜利和成功为中心建立起的自我认同感的陷阱。

第六章

朋友的意义

06

男孩常常被社会化地认为是自给自足的，是可以独立解决问
题的，有需求并寻求帮助是懦弱而不是强大的表现。最后，
让他们表达自身经历和感受这一大难题还导致了他们情绪的
内部自我消化，而不是向外表达自己的想法。

从前，我是名长跑运动员，可是现在应该谁也不会把我当作是跑长跑的人了。因为在跑了很多次马拉松之后，我的双脚和膝盖已经负荷了太多，所以我现在的"跑步"就是在家附近轻快地走一圈。

尽管我不再跑步了，但我十分珍惜我的孩子们在高中生涯中跑越野赛和田径赛的每一分每一秒。他们不但创造了个人记录，成为州冠军，更重要的是他们在跑步过程中发现，他们不是孤军奋战，而是一个"人多势众"的温暖集体。

在一次上学途中，我的儿子给我讲了埃鲁德·基普乔格的故事，他被称为现代最伟大的马拉松运动员，也是一名奥运奖牌获得者，曾以两小时内顺利完赛而打破马拉松世界纪录。他出生于肯尼亚，由一位单身母亲抚养长大，而且每天都要跑 3.2 公里去上学。

在跑步生涯中，他不断地打破纪录，也慢慢形成了一种属于他自己的练习方式。我相信我们每个人，无论你是否是跑步者，都可以从中学习。他的方法既是一项长跑技能，也是一项生活技能。基普乔格建立了一支领跑者队伍。这些人会跑在他的前面、后面和两边，帮助他保持一个可以跟上的速度。无论他的目标是完成多远的距离，这些领跑员的作用都是让他既不在比赛的前几公里跑得太快，也不在中途放慢，以免影响预期的完赛时间。跑步时，他们在四周围着他，并帮助他保持正常的配速。

我想请你上网看看他无数打破纪录的视频，但更重要的是看他与领跑员一起奔跑的样子。在比赛快要结束时，最引人注目的一幕出现了，领跑员开始散开、后退，然后撤到他身后，以便他冲过梦想的终点。这是最具冲击力的画面之一，它启示我们，在生活的长跑中，身边会有一群人陪伴着你度过人生中最艰难、最痛苦的时刻，然后他们会向后撤退，目送并庆祝你完成比赛的胜利。

我鼓励你和孩子一起观看视频，让视频内容为你们之后的深度对话做好铺垫。聊一聊以下的话题吧：

1. 谁是你人生的"领跑员"？在困难时刻，谁与你相依，在胜利时刻，谁与你庆祝？

2. 你在哪段友情中扮演"领跑员"的角色？在生活中，你会为哪些朋友提供支持和鼓励?

3. 对你来说,慢慢撤退到后面为朋友让步,并为朋友庆祝胜利是什么感受?你上次有机会这么做是什么时候?你为朋友感到兴奋吗?内心有一丝嫉妒吗?你是否同时有这两种感受?你是怎么处理这些情绪的呢?

4. 你上一次是怎么感谢为你提供帮助的"领跑员"的?是亲自感谢,通过短信或电话,还是写一张便条?

5. 在你的生活中,谁现在急需一个"领跑员"的支持?

这些问题可以帮助你的儿子(或女儿)展开更多思考。对儿童和青少年来说,具体思考并回答第三个问题十分重要。因为当你在庆祝朋友的胜利时,出现矛盾的情绪是人之常情。有时候孩子们不知道在这一时刻该如何面对内心嫉妒的心理。有些孩子产生任何程度的嫉妒都感觉很糟糕,所以有时,孩子们面对这些相互冲突的复杂情绪时会不知所措,而这些矛盾的情绪又会阻碍他们以合适的方式表现出来。作为家长,发展孩子应对这种复杂情绪问题的能力,不仅可以为他们培养健康情绪提供更多空间,同时也为他们与人相处创造了更多可能。

这些问题也让男孩们思考,在和朋友们相处时,如何用亲身经历体会共情的智慧。

与此同时，我也想请你谈谈自己生活中的"领跑者"。说说那些在你遇到困难时帮助你前进、和你共渡难关的朋友。想想上天在人生的不同阶段为你安排了哪些不同的"领跑者"。这些人中的一部分，可能数十年如一日直到现在都还陪伴在我们左右，但另一部分可能只会陪伴我们走过生命中的某一阶段。在高中时，我有五个这样的朋友，大学时也有几个，还有几个步入社会后的朋友后来还成了我婚礼的伴郎。其中一些人至今仍与我关系亲密，还有些人虽然我们并不经常见面或联系，却仍是我深爱的朋友。

男孩生命中的"领跑者"

我们用这两个词类比的时候，可以让孩子去关注跑马拉松时街道两旁站着为埃鲁德·基普乔格欢呼的人群，并告诉孩子，在人生的不同赛场上，也总会有人在场边会为我们加油。尽管他们可能不是与我们一起奔跑的领跑员，但在我们的生活中也同样扮演着重要的角色。

在生活中，我与一个优秀的团队共事。我和其中一些同事保持着亲密的友谊关系。但是还有一部分同事，我还没有机会以同样的方式与他们分享我的日常。这并不是说我觉得他们无趣或者和他们在一起时感到不愉快，相反，我恰恰觉得他们是很有趣的人。我很感激能与他们一起分享工作和生活，共同履行对使命和目标的承诺。我们一起庆祝新书的发行，在筹款活动中合作，在员工会议上高谈阔论。他们总在一旁为我加油，我也希望自己能为他们做同样的事情。我们不仅一起庆祝婚礼和孩子的降生，同时也为失去亲人而感到悲伤。

我和邻居们亦是如此。我和几个要好的邻居会时常一起吃饭、喝咖啡，不过其他邻居我只在街道举办的年度社区派对上看到过。我跟他们保持着不同程度的人际关系和人情往来。我们要让孩子们看到并明白，这是一个人正常人际关系的组成部分，这对孩子大有裨益。因为不是每个人都是我们生命中的领跑者，也并不是每个人都是旁观者。

基于这个分类，帮助孩子区分在网络中建立的人际关系类型同样重要。我们知道，男孩喜欢通过网络游戏和社交媒体结识新的伙伴。我认识一些成年人，他们会和素未谋面的网友交朋友。不过，就我个人而言，我其实不太相信网络上的陌生人会真正成为你生活中的领跑者。其他人可能对此有不同的看法，但没关系，我并不是在寻求共识，只是想借此机会帮助男孩们理解网络上的人际关系和面对面的人际关系是有区别的。

我常常和孩子们讲，尽管社交媒体点亮了我们的生活，但是网络上的人际关系往往更加单薄无力。这就有点像我和妻子大学毕业后异地恋时的经历。那时我会去她住的地方过周末，一起去山坡上野餐，浪漫地约会，进行数小时的交谈，再慢悠悠地散步，走上很远的路。分别时，我们都希望时间能过得慢一点，然后在接下来的几个星期里，翘首期盼着下一次的相见。

　　结婚 25 年了，我们回首往事时都忍俊不禁，那段时光里的我们是那么可爱。在彼此很少见面、时间有限的情况下，我们难以深入了解彼此，因此总是很容易把自己"最好的一面"展现给对方。

　　后来，我的妻子来到我的居住地纳什维尔工作，异地恋结束了。我们俩的周末常常精疲力尽地搬家、睡眠不足、打扫卫生和去杂货店购物这些日常琐事所占用。我们慢慢把之前用来去山间长途散步和野餐的时间，花在了更加平凡的生活里。这并不是说我们舍弃了浪漫约会和促膝长谈，我们只是沉浸在更加平稳日常的生活中，在不同层面上更加了解彼此。也可以说，我变得不那么有趣，变得普通多了。

　　当你可以坐在空荡荡的公寓的硬木地板上，被快递箱子包围着吃冷披萨时，你就知道你真爱一个人的样子了；当你独自组装吊扇或宜家书架需要帮忙时，当你拖着疲惫不堪的身体结束了一周的辛苦工作回到家，或者听到父母罹患癌症的消息感到绝望时，你会发现谁才真正是生命中陪伴你左右的领跑者。

但是，这样丰富多彩的人际关系在网络上是很难体验到的，因为你不能和这个人一起经历生活的风风雨雨。这并不是说网络上的关系不真实或者不存在，只是日常的互动非常有限。我之所以认为网络上的人际关系是有限的，是因为我相信做旁观者比做领跑者容易。与埃鲁德·基普乔格并肩跑的领跑者离他很近，能听到他的呼吸，知道他什么时候落后了，什么时候需要更多支持等。但这种种情况很难从远处辨认，也很难及时给予帮助，因为在路边欢呼的人无法和领跑者一样从专业视角辨别这些状况。这并不是说观众们不能观察到埃鲁德何时在挣扎或者放慢速度，即使看到了，他们也不像紧紧围绕在他身边的领跑者那样能够理解他，与他共情。

因为观众没有当过领跑员的经验，也不知道如何帮助运动员找到自己的跑步节奏。当然，他们会在一旁大声地喊他的名字，为他加油，或者在他经过时鼓掌，但因为经验，因为距离，因为人际关系的不同，他们不能提供和他身边的领跑者同等分量的支持。

因此领跑员们是基普乔格的盟友，他们对这个男人和自己都做出了承诺。如果没有牺牲和信念，他们不可能为了一场比赛而进行数千公里的训练。这些领跑者选择在日出前醒来，在最恶劣的天气里跑步，在根本不想穿跑鞋的日子里踏上征途。他们牺牲了舒适的享乐和对家庭日常的参与，为了另一个人的荣誉而奋斗。

他们还不约而同地在比赛接近尾声时，撤跑到基普乔格的身后，让他向胜利冲刺。当他冲过终点线时，掌声和聚光灯只针对一个人，而不是所有人。但这并不意味着其他领跑者不会受到赞赏和认可。因为比赛虽然只有一个人"获胜"，但是胜利却是可以分享的，即使奖牌最终只能挂在获奖者的脖子上。

成为盟友意味着面对这样的安排你仍感到舒适和愉快。盟友意味着忠诚和承诺，意味着付出和挣扎，它是目标明确且意义深远的。

从成熟的男性长辈身上学习

对于男孩来说，他们很难对朋友之间的亲密关系有清晰的认知，深入地体验人际关系并融入群体更是难上加难。我们在前文中讨论过，竞争会成为他们成长道路上的一大障碍。面对竞争，他们可能更倾向于摆出反对而不是支持的姿态。而且，男孩常常被社会化地认为是自给自足的，是可以独立解决问题的，有需求并向他人寻求帮助是懦弱而不是强大的表现。最后，让他们表达自身经历和感受这一大难题还导致了他们情绪的内部自我消化，而不是向外表达自己的想法。

> **反对竞争 + 自己化解苦难 – 向外表达 = 孤独**

男性更容易在沉默中默默承受自己的痛苦。结果显而易见，小男孩、青春期男孩和成年男人的自杀人数最多。如果再把上面的公式放到承担有风险的行为上，它就更能说得通了。除非我们帮助男孩重新定义情感和人际关系的优势和重要性，否则结果很难改变。

我经常谈到要教育男孩们，在这个世界上我们要真正地生活在其中，而不是作为世界的附属品人云亦云。最近，我认识了一群很优秀的大学生年纪的年轻男孩，他们在一个男孩夏令营工作。我花了一天的时间跟他们谈论情感和社会发展，以及如何更好地照料参加夏令营的男孩们。我提到了一个想法，就是让他们与参加夏令营的男孩们一起勇敢地说出自己曾经感到恐惧和无助的经历，说出那些在生活中感到害怕、困惑或孤独的时刻。还鼓励他们公开谈论友情，以及在恋爱关系中体验亲密和联结的真实方式。我敦促他们要让男孩们互相学习。

我们继续探讨，要让男孩们感觉到，这些大哥哥们是以不含讽刺、优越感和肤浅谈话的方式跟他们相处的。我们在前文提到过，小男孩是多么迫切地想从成年男性身上看到这些品质。他们需要看到成年男性处理人际关系的策略，以及男性表达支持和同理心的实际方法。在生活中，小男孩总喜欢较劲，喜欢在谈话中占上风，他们往往不了解其他的沟通方式。

我还和这些年轻人提起了男孩不常分享胜利消息的现象——如果你说："我在上一场足球比赛中踢进了绝杀球。"很少有男孩会回应说"恭喜你"或"哥们儿，太棒了吧"。他们更有可能回答："那又怎样？上一场比赛我进了三个球。"比起支持，男孩本能地还是想要战胜对方。

在别人需要支持和积极回应的时候，这些不恰当的关系模式反而会常常出现。我目睹过一些男孩勇敢地和同龄人分享他们父母离婚或失去祖父母的经历，而对方则绞尽脑汁，不知如何以同情或支持来回应。其实不是因为他们真的漠不关心他人，而是因为他们在这个方面几乎没有经历过练习、体验或示范。这就像是被要求演奏一种他们几乎没怎么用过的乐器，无从下手。

孩子从观察中学到的比从文字信息中学到的更多。当他们在周围的成年人身上看到这些发生时，与人沟通的游戏规则就随之改变了。慢慢地，他们就知道了运用同理心的情境和类别，更加熟悉这些技能，也就更容易得心应手地将其运用到生活中。

在健康的人际环境中成长

回想一下你的儿子经常去的地方。从教室到"秘密基地"，从游乐场到运动场，从青年团体到教会青年会，从童子军到各种服务志愿项目。您将如何描述这些场所中的文化？它更多是表达出一种善良的还是残酷的文化？它的环境更偏向于竞争还是合作？男孩们在这里花费时间的主要目的是什么？你怎么形容负责这些场所的成年人？他们会如何激励和锻炼孩子？

在工作场所或家庭环境中，文化就是一切。那么，这里的价值观是什么？使命又是什么？

在我的职业生涯中，我见过许多家庭为了寻求良好的教育条件而做出巨大牺牲。有些家庭不惜把自己的家缩在一个小房间里，甚至变卖掉汽车，只为了让孩子搬到一个更好的学区。我还认识一些家庭，他们牺牲了长期的运动机会，把体育、旅游变成加入 REC 联盟。与赢取一个赛季的比赛相比，REC 联盟则更重视孩子的性格发展，而不是简单地赢得比赛。还有一些父母成为了志愿者教练、家长教师协会（PTA）主席和青年团体领导人，目的就是把更多有意义和必要的东西渗透进孩子每天生活的环境中。

有的家庭让孩子放弃了课外补习班，鼓励他们投入到一段时间的志愿服务中去，只为孩子能够更好地成长；还有些家庭约定好在整个暑假都不使用电子产品，取而代之的是阅读、户外活动和志愿服务。很多时候，这些父母为了在后面推孩子一把而打破了家庭原有的宁静，换来的可能是孩子的不情愿。但他们还是认为，对孩子性格的培养比单纯地让他享受快乐更为重要。

很多时候，家长也在积极为孩子的人际关系创造一个优质环境。如果你选择在家乡当地的动物收容所做志愿者，或者愿意建造一个收留动物的"仁爱之家"，那么你就很有可能遇到其他有共同愿景和价值观的人。同理，报名参加附近图书馆的夏季阅读项目等也会让孩子遇到其他志同道合的伙伴和父母。

我经常与孩子和父母谈论如何让自己处于健康的人际关系中。我并不是说这个建议百分百有效，但我确实认为它可以打开使人际关系走向正常道路的大门。这是个值得深思熟虑的问题，也是个值得考量的决定。

几年前，我为一位 16 岁的孩子进行心理咨询服务，他经历了好几场他所谓的"毫无意义的恋爱"。他自己得出的结论是，他完全找错地方了。他说："我在青年生活组织（Young Life）里结识优秀女孩的机会比在派对上大得多。"我告诉他，他的论点很有道理。这个孩子聪明地想出了让自己处于更加健康的人际关系中的办法。他发现，他之所以会经历那些"没有结果的感情"，是因为在糟糕的地方遇到了很多有不良习惯的人。

接着，我们把话题从建立人际关系的地点和时间转向品质和人的价值观。我们开始谈论他从过去的感情中学到了什么。因为人际关系是最好的指导老师。即使是在困难的地方，我们也能学到有价值的东西。当我们花时间思考从过去的人际交往中学到了什么的时候，我们也会更加清楚在未来的关系中我们到底想要什么。我们会更加明白，对自己来说，什么有用，什么没用；我们为这段关系贡献了什么价值，我们需要在什么地方进一步成长；对方身上有哪些品质是我们要"取其精华"的，又有哪些是我们需要"弃其糟粕"的。

从外界获得他人的反馈也会让男孩受益匪浅。我鼓励男孩们去询问与他们关系最好的哥们儿、父母、一个亲密的女性朋友，或者另一个值得信任的成年人，听听他们对这段关系的看法和建议。很多时候我们身处一段关系中，无法客观看待，但其他人却能从不同的角度反映出一些有价值的观点。接受他人的反馈需要勇气、谦逊和智慧，尤其是当这些话不那么好听的时候。

忠言逆耳，这些反馈能够从战略上帮助我们把自己置于更健康的人际关系中，有利于我们更好地回答关于友谊和情感关系的问题，比如：

是谁让我朝着更好的方向发展？

生活中有些人帮助我成为更好的自己，他们身上有哪些品质？

我在朋友或女朋友身上能学到什么？

我对一段优质的情感关系的定义是什么？

我怎样才能让自己融入健康的人际关系之中呢？

显然，男孩对这类问题的回答会受到年龄、成熟度和经验的限制。但随着时间的推移，他回顾过去和展望未来的思考能力会越来越强。如果他没有像我们在前一章中讨论的那样培养出反思能力，那他就更容易变成典型的疯狂的男孩，一遍又一遍地重复着同样的事情，期待着结果发生改变。

好朋友的质量重于数量

我为男孩们进行心理咨询的工作时间越长，我就越加确信，其实只需要几个人就能解决他们的问题。让我解释一下，其实男孩一生能找到一两个志同道合的好朋友，这就足够了。如果他高中毕业时有六七个好朋友，那很了不起，但是没有太大必要。他可能有一个很大的人际圈，但他很难与三十多个人有深入且有意义的联系。这几乎不可能做到。他无法做到与很多人保持深度交流。虽然他可以有各种各样的人际关系，但他只需要几个盟友；他可以有很多观众，但只需要几个陪伴其左右的忠实的"领跑者"。因此我们要带领男孩继续回到本章之前的问题，让男孩学会审视以及重新评估他的人际关系网。

这种审视和评估对他毕业后第一次开始独立生活很有帮助。在这一点上，我们希望他能独立做更多的尝试，希望他能够自主判断自己与身边的男性和女性是否保持着健康的人际关系，并逐渐掌握这种技能。作为被人际关系驱动和滋养的对象，我们都需要健康的人际网所带来的必要支持、联结和社群关系。

刻意练习

1. **定义领跑者：** 花点时间去定义成为别人的领跑者意味着什么，让领跑者也出现在你自己的生活中。列出优秀领跑者所拥有的品质，以及他们在你人生中所扮演的角色。

2. **发现领跑者：** 帮助男孩找到能支持自己一直向前跑的朋友。问问孩子能否说出这些人的名字，并给出具体的例子，说说这些领跑者在不同的时期是如何帮助他的。

3. **感恩他人：** 从定义和发现身边的领跑者转变为向他们表达感谢。一起写个便条，感谢那些给过你支持并在你生活中扮演重要角色的朋友。看到父母承认友谊的价值，男孩们也会受益。

第七章

男孩的情感榜样和导师

07

当父母的话语在男孩青春期分量变得微弱时，父母反而会想说得更多，而且说得更大声。但是这两种方法都收效甚微。更好的做法是让你的儿子去聆听其他健康积极的成年人掷地有声的话语。

最近，我为一位四十多岁的父亲进行心理咨询。他是一名牧师，正为自己的未来思虑重重。在谈及孩子时，他说他很担心孩子们会如何看待他现在所做的工作，因为他早已疲惫不堪、力不从心了。他担心自己这样的状态，不仅会影响儿子们正确看待一个男性的职业生涯，更重要的是，他的职业是一名牧师，他觉得这会对孩子们幼小的心灵造成影响。

　　他的妻子鼓励他向一些年过花甲、婚姻幸福，而且和成年子女们相处融洽的牧师们请教，她觉得这些老人在牧师这个行当已经工作了几十年，应该有丰富的经验可以传授。这位父亲静坐着思考良久，才意识到他身边没有一位这样的人。这个事实让他伤心欲绝。虽然他认识很多牧师，但是有一些已经离开教会，转向了其他工作领域，有几个牧师离婚了，还有许多牧师与成年后的子女关系破裂，甚至直接断绝了关系。

　　这位父亲并不是想说妻子所描述的那种牧师不存在，他只是意识到，要把家庭关系维系得完好如初并始终保有对牧师事业的热情是多么的不同寻常。他感到更加疲倦，因为同在这条路上，他身边却没有另一个伙伴可以在人生和职业的顶峰相见。我们深度探讨了跌入这种现实的落差感，以及他多么希望能够为自己的孩子展现人生中不同风景的感受。

我们都需要生活中的榜样和导师。作为父母，能够认识和自己有共同经历的其他家庭是何其重要且幸运。我们会看到，其他父母也正从我们身处的同一片汪洋大海中走出来。他们也经历着要照顾新生儿的睡眠不足，蹒跚学步的孩子大吵大闹发脾气以及孩子进入青春叛逆期时的不耐烦和翻白眼，他们与我们并肩同在，能够设身处地地理解我们日常所面临的挑战。

我们还需要一些走在前面的前辈，帮助我们预见未来可能遇到的问题。我有一个亲密的朋友，他比我年长 10 岁。我的三个孩子现在还在读大学，他的三个孩子都已经成家立业。目前来看，我马上要成为一个空巢老人了，而他已经是一位受孩子敬爱的祖父，所以我需要他的智慧和经验。在孩子们生命的每一个阶段，我都汲取了他的心得，从孩子长牙到长大约会，从幼儿园第一天到大学第一天，以及从小到大所有的事情。在我们长达 30 年的友谊中，他回答了我无数个问题，而且还经常提醒我，父母的职责永远都不会停止。也许你的孩子长大成人了，从家里搬出去并为人父母，但是你永远不会停止担心或好奇他们过得怎么样。当他们遇到困难时，你仍然会失眠，依然希望并等待他们回到家里——这个曾经温暖的港湾。

这位睿智的朋友鼓励我，要我在为人父母的旅途中，多一些信任和倾听，少一些干涉和后悔。我的愿望是学习到这样具有变革性的人际关系，也能够慢慢地成长和改变。最近我听到一位父亲说，他希望他的孩子有一天会说："我的爸爸是一个能意识到自己的不足，并且随着时间的推移能够改变自己的人。"他希望他的孩子能够分辨出年轻时他的样子与几十年后的他之间的区别，能通过日复一日在家庭和群体中的表现看到父亲到底有哪些变化。这会给孩子们带来希望，也会让他们知道，自己在这个世界究竟想成为什么样的人。

我经常谈起我与那些有生活智慧的朋友们一起相处的时光。我希望我的孩子们也能够认识并亲近我的三个最亲密的朋友，看到他们的生活如何影响并改变了我的生活，了解这些朋友怎样引领我成长为一个男人、一个丈夫、一个父亲。

我相信我的孩子们已经看到了他们的祖父，也就是我的父亲，是如何塑造我的。时至今日，我也依然把他当作学习榜样。我们都需要那些走在我们前面的人，也需要生活在一个由多辈人组成的群体之中，来丰富我们的家庭和社区。但我担心这种多辈人的集体相比以往任何时候都越来越少了，我们可以看到，美国有很多组织和团体的领导者大多二十八九岁或者三十出头。坦率地说，我相信这些年轻人会做出一些非凡的贡献，但他们还有很多东西需要学习，还有很长的路要走。

我非常感谢生命中有两位六七十岁的长者朋友指引，也很幸运有一位年过七旬的上司，还有我那年近八十的老父亲。生活中，我还认识比我年长 5 岁、10 岁甚至 20 岁的邻居和朋友。我很感激能被这么多的智慧和生活经验所包围。

智慧来自那些超越你的人

智慧不仅来自于生活经验，也来自于周围那些身先士卒的人。我认为，我所拥有的大部分智慧都来自于跟比我优秀的伴侣结婚，与出类拔萃的人交朋友，跟卓乎不群的团队共事。我身边都是比我更聪明、坚毅、睿智且才华横溢的人，这让我受益匪浅。虽然我可能很多时候都沉浸在对他们才能的羡慕和嫉妒之中，但我更愿意向他们学习，并让他们的才华尽情挥洒和洋溢在我身上。

正如那句著名的谚语所说，"我就是与我们相处时间最长的五个人的平均值"。在你儿子的整个成长过程中，这会成为一个很有意义的话题。你可以让他说出与他相处时间最长的五个人，并思考他们对自己的影响（好的或坏的）。然后反过来，让孩子也说说你和哪五个人在一起的时间最长，看看他的猜测是否正确。最后，跟孩子分享一下这五个人对你的影响，以及你从他们身上学到的或者正在学习的独特之处。

智慧来自于你的周围那些能够超越你的人。

我在前文中提到过，我的外公是一名建筑工人。他参加过"二战"，如今，他葬礼上的国旗就挂在我的办公室里。我还保留着他之前收藏的古董，并把它们放在家里和办公室的各个角落。从他身上，我学会了坚毅勇敢的精神和建造房子的技能。

我的爷爷喜欢钓鱼。我还留着小时候他给我的一个钓具箱，上面写有我的名字，那是我唯一拥有的刻有他笔迹的东西。从他身上，我学会了耐心和宽容。

我的岳父是我有幸认识的最亲切、最热情、最有魅力的男性之一。他为人和蔼可亲，和谁见面都保持着相逢即是老朋友的习惯。几十年来，他让我学会了如何与他人交往，并让他人感受到自身被关注和被了解的感觉。

我的父亲是我希望能共度一生的最善良的男人之一。在我的一生中，他一直是一位充满激情的教育家，他对待信仰更是满怀热情。从他那里，我培养了对学习的热爱，对世界的强大好奇心，学习到了他身上积累的七十多年的智慧。

这些例子仅仅是我的祖父和父亲对我的影响。我的妻子、老板、同事、牧师和我最亲爱的朋友对我的影响更是不胜枚举。与这些人的交往深刻地塑造了我和我的人生，并成为我的智慧和生活经验的源泉。

就像我受到这些人的积极影响一样，男孩也会受到来自他们生活中的人的消极影响。我每周都会举行座谈，帮助那些担心自己儿子的交友问题或恋爱问题的父母们。我们虽然不能选择孩子的朋友，但我们可以帮助他们建立更健康的人际关系。我甚至还见过有些父母试图强行让自己的儿子和女朋友分手，结果造成了罗密欧与朱丽叶式的悲剧结局。

虽然我们不能代替孩子挑选这些人际关系，但我们有能力在他们成年之前控制他们跟朋友在一起的时间。如果父母对孩子朋友家的监管不太放心，那就可以对儿子说："由于我不太了解你朋友的父母，所以不能让你去他们家，但是欢迎你邀请你的朋友到咱们家来做客。"或者"关于什么可以做，什么不可以做，我觉得我们两家可能有不同的规矩或想法，所以我更同意你和小伙伴在咱们家里玩，而不是你去别人家做客。"我们不是在限制孩子交朋友的机会，反而，我们是在为他们创造一个更安全的相处环境。

　　许多男孩可能会被这种话语激怒，然后拒绝这个提议。但是依我之见，随着时间的推移，如果这段关系对他们来说足够重要，他们可能会遵循这种做法，事情就会迎刃而解。许多男孩都知道有些朋友会在自己家里打破规矩，但是对男孩们来说，他们根本不想处理破坏规矩所带来的麻烦和后果。

　　同样，你也可以用这种方法来对待他们的恋爱关系。如果你担心他们是否会度过这段美好的约会时光，那就继续欢迎她到你家里来，这样你还能对这段关系拥有一定的监督权。我称这个方法为"是"或"否"的回答。你这样做其实是在对他们自主选择的约会地点说"否"，但又对这段约会关系说了"是"。说了"是"后，你就可以继续了解他的朋友或女朋友，进而深入理解他们的这段关系。

　　需要特别注意的是，有些男孩可能会进入一段具有危险性和破坏性的人际关系中。一些年轻男孩的父母曾找我咨询过，他们发现自己孩子与同龄人发生了不太正当的接触，而且有必要在这种关系中划定严格的界限，并寻求所需的支持。我曾经还接触过一些青春期的男孩，在分手之后，女孩会把这段关系当作"人质危机"，把男孩看成她生命中最后一根稻草，不然就威胁要自残。我还认识一些男孩，他们的朋友不尊重他们家的规矩和底线，还会携带非法物品到家里。那么，在这种情况下，你的儿子随时都有受到伤害的风险，这时候我们的干预不仅是恰当的，而且是非常有必要的。当在复杂局面中有危险的时候，要优先考虑他的安全，这不再是一个"是"或"否"的问题，而是一个"不"或"不行"的问题。对家长来说，区分有负面影响的和不安全的关系是至关重要的。

从倾听父母的声音到倾听他人的声音

正如我们会有意地思考同龄人对儿子生活所造成的影响一样，我们也要对其他成年人对孩子的看法进行战略性地考量。因为在生活中很常见的是，其他成年人对孩子的评价总能以一种独特的方式浮于表面，而避开了他真实的一面。这就解释了为什么会有一部分男孩在老师和教练面前表现得很好，在背后却极力反抗或顶撞自己父母的现象。

我想在此提醒父母们，在青少年时期的男孩心中，父母的声音一般会越来越柔和微弱，而同龄人和其他成年人的话语会变得越来越有分量。想想那些曾在你的青春期对你影响很大的老师、教练、朋友的父母，再想想那些在大学期间影响过你的教授、校长还有其他成年人，就不难明白这一事实。

当父母的话语在男孩青春期分量变得微弱时，父母反而会想说得更多，而且说得更大声。但是这两种方法都收效甚微。更好的做法是让你的儿子去聆听其他健康积极的成年人掷地有声的话语。战略性地思考一下你的儿子将会参加哪些体育联盟，以及这些联盟会有什么样的教练参与。

几年前，我曾经遇到过一些父母，他们的儿子对青年组织产生了抵触情绪，从此，这件事就成了一场毫不值得的家庭斗争。这个年轻人参加了一项持续八周的运动联赛。但是，在这一学年中的其他十个月里，除了一些优秀的老师通过上课每天见他一个小时，再没有其他的成年人和他沟通。所以，他的父母联系了在当地一所大学里任职的一位校园牧师朋友，询问并找到了几个值得信赖而且想赚外快的大学生，最后雇佣了其中一位。他们面试了三名男孩，和六名父母一起组成一个小组，让这名大学生为他们的儿子指导。最后，这名大学生陪伴他们读了三年高中，建立了深厚的友谊，而且成了朋友。这名大学生指导这些青春期男孩，他既得到了锻炼，也赚到了额外的现金，受益颇多。因为这名大学生品格优异，而且比他们成熟，因此这些青春期的男孩也受益于他的教导。

还有一位曾咨询过我的单身母亲，她与其他四位单身母亲联合起来，聘请了一位已婚的有志青年，为她们五年级的孩子们成立了一个读书俱乐部。妈妈们就在家里轮流主持俱乐部，并准备食物。这些男孩们受益于有一个健康的成年男性的陪伴，因为他对每个男孩的生活都很感兴趣，而且对每个人都非常关注。他为这些男孩塑造了男性阅读者和学习者的形象，跟他们进行有思想的深度对话，并且不加评判地倾听他们的话语。对这些从小在没有父亲的环境中长大的小男孩来说，这种简单而纯粹的沟通体验为他们带来了社交上和情感上的多层次好处。

我还知道有些家庭联合起来聘请一个优秀大学生做篮球教练，为他们的儿子组建了一支联盟篮球队。不过篮球仅仅是把这些男孩聚集在一起的纽带而已。他们把篮球训练变成了打球外加吃汉堡。后来遇到星期六篮球比赛暂停，这群男孩们在网上订购了复古篮球制服，以此装扮结束了上一赛季的比赛。自此他们每场比赛都穿得像 20 世纪 50 年代的球员。那些记录比赛的照片是无价的，这种指导的体验才更是成长中真正的收获。

在儿子的成长过程中，你要尽可能有策略地、充满创意地、虔诚地引入其他成年人的参与。因为男孩拥有卓越的能力去倾听这些声音，那么，我们就要充分地利用这一事实。

有效利用媒体的声音

鉴于男孩对电子产品和网络媒体如此着迷，那我们就从战略角度来利用这一点。这需要一些科学的指导和适当的接触，如果任由男孩们自行其是，那他们可能无法找到对他们来说最有帮助的内容和声音。令人遗憾的是，无论是音乐还是YouTube 视频，许多男孩都会被最低级的迎合大众口味的内容所吸引。更让我难过的是，尽管有那么多优秀的音乐，男孩们却总是喜欢关注少数几个大量使用脏话的创作者。而且非常可惜的是，他们在 YouTube 和抖音平台上关注的内容也跟这些差不多。所以，作为家长，我们应该把男孩对社交网络的迷恋当作培养男孩批判性思维的机会，并在他们的电子设备上设置权限，引导他们观看正确积极的内容。

其实有时候，男孩只是需要接触更多其他的东西和领域。值得庆幸的是，社交媒体软件上仍然有很多积极的声音和内容。在体育和娱乐板块，还是有很多优秀的创作者在传播健康有益的内容，没有使用那些负面话语。

电影和电视节目也是如此。尽管有一些负面的内容，但还是有很多优秀的故事，这些素材都可以成为培养男孩批判性思维的工具，同时也可以为男孩提供健康的成长指导。影视作品中虚构的角色也可以帮助男孩茁壮成长。当一家人一起看电视剧或电影时，你可以仔细地分析影视角色，发现人物的优点和缺点。重点关注那些能够打动并引起你共鸣的人物的品质——一种你身上所体现出的品质或你希望拥有的品质。在阅读书籍和观看其他媒体节目时同样可以这么做，让这些媒体声音成为促进男孩健康成长的工具和手段。

电影《42号传奇》是一部非常优秀的作品，它很好地阐释了我们是如何被影响从而融入并理解某种事物和文化的。这部电影完美地刻画了杰基·罗宾逊的人生，他是第一位参加美国职业棒球大联盟的非洲裔美国人。在电影中，有一个令人心碎的场景，一个小男孩坐在他父亲旁边的看台上。当杰基进入球场时，他的父亲和人群开始高喊可怕的种族主义口号，显然这个小男孩很不喜欢他们的大喊大叫。尽管一开始他局促不安地坐着，但可悲的是，最后他也开始和他父亲一样高喊种族主义口号。这提醒了我们"身教"是如何在生活中潜移默化地起作用的。无论是好是坏，这都是一种非常强大的力量。这告诫我们，种族主义是后天习得的，而不是天生的。

这个片段可以成为不同阶段男孩的强有力的教学素材，引导他们在电影中找出有力量和正直的角色，让他们在自己的生活中找到具有这些品质的人。

向男孩示范如何尊重输赢

在我成长的过程中，每次运动或比赛后，我都会以握手或击掌来结束。我脑海中记得无数次在比赛结束后再次返回球场中央，与对方球员握手或击掌。我的教练也总是在比赛结束时和对方的教练握手示意。

无论比赛结果如何，无论谁赢谁输，每个参与比赛的人都会在最后互相握手或击掌。这个环节从小学开始，一直持续到高中。这感觉像是一个结束比赛的重要仪式——对礼貌和尊重的承诺。就好像大家都明白，这只是一次比赛经历而已。我当然记得，有几次当其他球队打败了我们球队时，我非常不想过去祝贺。但我很感激最后还是这么做了，大方地向对手送出鼓励。我认为这在很多层面上都是一种对身心成长有益的实践。

但是现在，我越来越难看到这种做法了。在今天的青少年体育运动中，我基本很少看到这种文明和尊重对手的表现。事实上，我甚至在运动场见过一些最恶劣的行为。而且这些最糟糕的行为，通常不是来自年轻球员，而是来自于成年人。

我曾经为一个离异家庭做过心理咨询，这家的父亲被禁止参加儿子的足球比赛。当时他儿子上五年级。他的父亲在运动会看台上大喊脏话，直到裁判走到球场边，警告说让他离开。然后他就开始咒骂裁判，直到校长向他发出警告。在收到第三次警告后，他收到了儿子所在的私立学校董事会的一封信，通知他再也不能参加由学校主办的体育赛事了。

我还听过很多男孩讲述他们的教练在比赛中被拖出田径场或球场的故事，以及看到这种情况发生时的感觉。最近，我在网上看到一篇来自西马林少年棒球联盟的帖子，题目是《来自你孩子的提醒》，内容是：

我是个小孩子
这只是一场运动比赛
我的教练是个志愿者
组织活动的官员也是普通人
而且今天也不会颁发大学的运动会奖金

令人失望的是，为了让孩子们在青少年运动中获得充分有益的体验，我们已经到了需要借助一篇帖子来提醒成年人的地步。而且要知道这样的例子在全国各地都在发生，真是令我感到无比伤心。因为孩子们从"身教"中观察到的比从"言传"中学到的更多。他们迫切地需要看到优秀的模范和榜样，需要成年人来示范如何尊重输赢。不论在球场内外，还是在生活中的每一天，孩子都需要像我们在这本书中一直在谈论的具备健康情绪管理技能的成年人作出示范。

可悲的是，在许多男孩眼中，男人们不是正在经历痛苦就是正在制造痛苦。通常，一个男孩缺乏管理情绪的技能，仅仅是因为他没有看到足够的实证——因为他缺乏想象力。我曾经听人说过，不舒服是过上有意义生活的代价。男孩们只是需要看看他们周围的成年人如何应对生活中的不适感。

刻意练习

1. **列出最具影响力的五个人**：让你的儿子说出他和哪五个人在一起的时间最长，在家庭成员之外对他最具影响力的五个人是谁。

2. **确定你的生活圈**：正如非洲古谚所说，"养育一个孩子需举全村之力"，孩子的成长需要整个生活圈的力量。列出在这个特定时期里你生活圈子里的名单。在你儿子的生活中，还有哪些值得信任的成年人的声音（老师、教练、家族成员或其他人的父母等）？

3. **媒体的声音**：让你的儿子列出他常关注的媒体创作者（艺术家、音乐家、职业运动员、艺人或其他有影响力的人等）。问问是什么吸引他去了解这些人的信息，以及他认为他们每个人都代表着什么。

4. **书籍和电影**：列出一份书籍和电影的清单，帮助男孩学习里面人物的积极范例并得到有益的教导。你可以在 Instagram 上查看 @raisingboysandgirls 这个账号，上面发布了好书和好电影清单，其中包括可供学习的精彩故事和人物，从蹒跚学步的孩子到十几岁的孩子都可以看。Common Sense Media（常识媒体）网站还根据年龄和阶段列出了适合亲子观看的优秀电影和节目。

5. **提前行动**：不仅要知道谁曾经是你人生中优秀的导师，还要思考自己如何去影响和教导其他人。不管你儿子多大，都可以让他尝试去发现他认为自己一定可以影响的人，并让他回忆自己曾经成为别人的人生导师的经历。

第八章

帮男孩向上和向外转移情绪

08

情感就像路标，指引着我们所关心和渴望的事物。情绪不是洪水猛兽，我们不要害怕它而要学会认识它，不要阻止情绪的肆意蔓延，要学会接纳和梳理。因为人的情感是与生俱来的，它与我们对他人和外界的需求紧密相连。我们的任务是找到情绪向内和向外运动之间的平衡点。向外的情绪转移会让我们把自己和生命的目的和意义有机结合。找到内外之平衡，能够帮助我们在人生路途中完成困难的任务，也给这受伤的世界带来希望的光芒。

到目前为止，你可能已经发现了我对越野跑的喜爱。我热爱这项运动有千百种理由，它教会我要学会忍耐和坚持。如果你是越野跑团队的一员，也要设定个人的目标。它可以让我们在大自然中享受无尽的时光，在我看来，这更是对生命的伟大隐喻。生活不是短跑冲刺，而是一场马拉松。这是一个漫长而持久的过程，充满了高潮和低谷、失败和胜利。

把情绪向上转移

我的三个孩子在高中时都参加过越野跑比赛。大三那年，我女儿在一次艰难而残酷的训练后回到家，分享了一个来自她教练的独到见解。这天，他们在山上进行训练，炎热的天气让人喘不过气来，大家的体力也几乎消耗殆尽。这时，她的教练向队员们发起挑战，要求他们在登山爬坡最困难的时候这样做：

当你的大脑被锁定在攀登陡坡的疼痛和折磨中时，你很难想象自己能够从这里走出来，这时，要将你的注意力转移到其他的外部情况上，让我们一起为一位队友呐喊助威吧。

我喜欢这段话，我欣赏这个挑战。这个教练并不是假装这个方法能消除运动员的不适感，只是换个方向，但还是朝着目标前进。

她的教练懂得专注的智慧。如果我们把注意力放在为朋友加油上，我们就不会把百分之百的注意力放在自己身体不适上。我相信这种向外发散注意力的方式不仅是跑步的策略，更是人生的智慧。我同样相信，关爱他人也是我们的使命。我们要经常把注意力向上和向外转移。

这种做法让我们想起在本书前面讨论过的"富有智慧"的定义——把情绪转移到一些有建设性的东西上。当我们重新思考这个问题时，有必要仔细剖析一下它的含义。从表面上看，这似乎像是一种回避或否定，假装问题并不存在的样子，然后采取相应的行动。其实这根本不是我女儿的教练的本意，也不是我所建议的。

这本书的前三分之一讲的是情感的力量，理解自己的情绪感受，并了解他人的感受。哈佛医学院的心理学家苏珊·大卫博士对情绪灵敏度，即与自己和他人健康相处的技能进行了广泛的研究。大卫博士认为，我们的情绪预示着我们所关心的事情和我们所需要的对象。正如我们已经讨论过的，它们没有好坏之分，只是在向我们发出一种需求的信号。

一旦我们认识到这种需求，我们就可以关注它。情绪灵敏度意味着我用我的感受来指导我的价值观。作为一个有信仰的人，我的核心价值观是向上和向外转移自己的情绪，爱命运的无常，也爱身边的其他人。相信我女儿的教练也正是被这种价值观指引，教队员学会转移不适的情绪，朝着自己要完成的目标前进。

这位智慧的教练知道，在行程最艰难的时刻，鼓励和支持队友会带来满足和成就感。我们在以他人为中心的生活中能够获得满足感，这在生物学和神经学方面都得到了证实。拥有目标并为他人提供支持对我们的福祉有着深远的影响。研究已经证明，这样做可以降低压力荷尔蒙皮质醇，并且释放更多让人感到舒适的化学物质。

> 拥有目标并为他人提供支持会让我们对于社会更有价值。

举个例子，一项研究发现，初中生在辅导低年级学生养成良好学习习惯时，也会把更多的时间用在自己的功课上。探索生活的意义，找到人生目标，以及为他人服务，这都在许多层面上影响着一个人的身心健康。

研究表明，拥有精神生活会带来许多好处：更健康的身体状况，更少的焦虑和抑郁，更好的应对技能和更长的寿命等。如果我们把研究数据和拥有精神生活的益处结合起来，那么，我们就能证实向上和向外转移情绪的好处。正如我们探讨过的所有事情一样，我们应该先从自己的经验入手，让自己能够为我们爱的孩子树立一个一致的榜样，并在这个领域里帮助他们继续进步、成长。

把情绪向外转移

当我们考虑帮助男孩向外转移情绪时，用一个图示可以帮助我们解释这个概念，也有助于我们自己更好地理解它。

感受 ←————————→ 情绪反应

我们拥有丰富的阅历，能从亲身经历中感受到所发生的一切。我们接受这些感受（向内移动）并做出情绪表达（向外转移）。要记住，感受只是感受，它们没有好与坏、对与错之分。它们只是在以某种方式向我们发出信号。但是我们对这些感受所做出的反应可能有好坏对错、健康或不健康的区别。如果我们能使用那份我们自己列好的五大情绪宣泄法清单，可能会对自己的情绪反应大有裨益。如果我们能通过肢体动作释放情感，那么内心就不会积累太过强烈的情绪。与此同时，如果我们做一些深呼吸，让血液回流到大脑的前额叶皮层，就能更理性地思考。于是我们就可以谈论这些正在发生的事情，而不是说"我不知道"。这一切的所作所为都是在用健康的方式把情绪向外转移。

如果我们敞开心扉而不是禁锢自己，我们就会为做出建设性的情绪反应奠定基础。如果男孩将自己的想法藏在心底，拒绝进入宣泄情绪的房间，或是不想尝试列出的五大情绪宣泄法的话，那么他们就是在向内积累情绪。情绪就像一座活火山，当里面积聚了太多的炽热熔岩时，终有一日它会喷发。

当我们对孩子解释情绪图表时，也可以使用火山做类比。这是一个很好的教育方法，可以帮助男孩在情绪的向内和向外运动中建立联系。还有一个实际的方法就是吹气球。在吹气球时稍作停顿，把它比作会产生强烈情绪的困难时刻，一直吹到气球快要爆炸为止。最后再问问这个孩子，如果他们一直这样吹气球，会发生什么。

作为家长，还需要跟孩子聊聊有多少有益的户外运动可以帮助我们向外转移情绪。显然，五大情绪宣泄法中可能已经涉及了一些户外活动。除此之外，我们还要继续讨论置身大自然对健康的种种好处。因为融入大自然中，可以帮助人们降低血压和压力激素水平，减少神经系统的亢奋，增强免疫系统功能，建立自尊心，减少焦虑，改善情绪等。

当我第一次和某位父母见面进行心理咨询时，我经常会让他们谈谈自己的儿子何时处于最佳状态，什么时候他感到最满足、最幸福、最能展现他自己。我听到的两个最常见的答案就是父母和他单独相处时或者他在户外的时候。我相信大多数男孩在户外玩耍时都能表现出最好的自己，无论是玩想象类游戏、探索类游戏还是运动类游戏。当他运动、探索和体验时，大自然会激发出他最好的一面。

反之亦然，让我们倒推一下为什么去户外是正确的。我听到过太多父母们说，家庭矛盾大多集中在电子产品的使用上。在家里，亲子之间经常会因为要关掉电脑或手机、限制电子产品使用时间、遵守约定或者违反了约定而争论不休。对于男孩来说，争取玩电子产品的时间永远是一场值得一战的斗争。因此，他们迫切需要限制电子设备的使用，更需要体会户外活动给他们身体带来的益处。

想一想，当你与家人一起徒步旅行、骑自行车、划独木舟或皮划艇、登山、野营，或者仅仅是带着你的爱犬在街区里散步，你的感受有多不同。起码在我身上，从没有出现过在情绪激动时外出散个步，而回家之后感到情绪更糟糕的情况。相反，我总是会感觉舒服多了。我心中会有更多的答案，更沉稳、更笃定。

我和我的孩子们之间许多有意义的对话，都是在家附近散步的时候发生的。我特意在走路时和他们开展一些平常很难进行的对话。这又回到了刚才的结论，肩并肩散步时发生的对话比面对面说教的方法更有效。以上这些做法都属于向外转移情绪的范畴。

向外发展人际关系

我们的办公室旁边有一个公园，那周围有一个环路，非常适合遛我们在心理训练中用到的治疗犬。在环路里散步时，我曾和男孩们进行了丰富的对话。我敢肯定，这些孩子其实并没有意识到，在散步过程中，他们是多么频繁地向他人吐露了本来不想和别人分享的东西。这种散步运动平稳又安静，为良好的对话创造了更多的空间。

感受 ←——————→ 敞开

我认为，男孩们有必要了解这样一个事实：统计数据显示，男性更不愿意公开谈论自己的健康状况，无论身体状况还是心理状况；男性倾向于孤立自我而不是与他人接触。因此，我们越早干预男孩这种向内的情绪转移倾向，效果也会越好。上文这个图示可以帮助我们从战略角度来考虑人际关系的向外发展。让我们一起回到前面章节里讨论过的如何确定盟友的头脑风暴吧。

我经常向父母推荐的一种做法是，买一个日记本，和儿子一起反复写。你甚至可以使用前面章节中推荐的一些日志提示作为开始练习写日记的起点，你们要一起回答同一个问题或续写同一个句子。

我建议小男孩的父母们尝试一个具体的实验，来帮助孩子认识到这种人际关系向外发展的重要性。比如，我会让他们在书包里装满书，确认书包非常重之后，让孩子背上，问问他肩负着这么沉重的东西是什么感觉。

然后使用一些对话开场白或问题，只要男孩每回答一个问题就拿出一本书。让男孩分几次背着不同重量的书包，以强调卸下一点点、卸下很多书和卸下书包里所有书的变化及好处。

最后，和他们讨论一下这个书包实验，把沉重的书包类比成一个人独自背负着的所有感受和想法，说说如果能与生活中你所信任的人倾诉这些感受，会带来什么不同。再说说当你把所有的情绪和感受都深埋于心的时候，你的心又是如何变得疲惫不堪的。如果我们没有把压抑的情绪在一段安全的人际关系中释放出来，我们的大脑就会超负荷运转直至精疲力尽。

我还建议，在书包里东西还是有些多的时候，让孩子把书包转过来，背在前面。用这个小实验来说明，当我们挺着"大肚子"，就如同身上带着所有情感的"额外包袱"时，要接近别人是多么困难。它不仅让我们不堪重负，还阻碍了我们向外发展人际关系。如此一来，无论从哪个角度看，这个情感上的"额外包袱"都是一个绊脚石。

说起想法和感受，值得一提的是，随着时间的推移，情绪已经变得性别化了。我们经常和女孩谈论她们的感受，和男孩谈论他们所做的事情。但是我们这样做，会让我们不仅失去了一个帮助男孩增加情感词汇的机会，而且在某些方面暗示并默认了他们其实没有情感。我们可以问他今天是怎么过的，做了什么，但要注意，一定要问他对这些事情的感受。可以用情绪图表把这道填空题变成多项选择题。这样做不仅能增强男孩的情感力量，还能让他在安全的关系中分享他内心世界最真实的感受。

有一次，我在一个论坛上和一些专业人士聊了起来，他们都是公司的中高层负责人或领导者，因为某个国家机构的会员身份而结识。他们约定每月见一次面，举行一次小的聚会。显然，作为高层人物，这些人在管理和组织公司的各个方面都面临着独特挑战，同时，也面临着个人生活和专业技能上的各种压力。

我很欣赏他们每月见一次面的约定，这不仅非常明智，而且还是他们在工作、婚姻和养育子女方面所能做出的最好的投资之一。

每次会面一开始，他们都会开诚布公地谈论自己的婚姻和育儿经验，探讨当下所面临的困难和解决问题的办法，并且互相分享或推荐书籍、播客、咨询师和一系列其他方面的资源，以维持彼此之间的优先关系。他们不仅会特意为这次会谈留出指定的时间，还把这一部分的交流放在了首要位置，并且确保它不会被排挤在日程之外。

然后，也只有在那时，他们才会开始分享自己在工作场所面临的挑战和正在经历的成长。

在论坛上，一般都会涉及子女教育的问题。他们邀请我来谈论如何养育子女，并且想让我具体地讲讲父亲这个角色应该怎么做得更好。我在一开始就对他们所做的事情表示了极大的肯定，同时也告诉他们，他们所成立的这个小团体在这个世界上的男性群体中是多么的罕见。我接着说，这才是男性群体真正要学习的东西。

　　他们不仅将个人生活置于职业生活之上，而且还在诚实地分享他们作为丈夫和父亲所面临的问题，但似乎这还不够，因为我还要强调一个事实，那就是他们请我来做经验分享，从侧面证明了他们渴望成长和学习。这是我们每个人在成长过程中都应该坚持的。我们不应该仅仅因为离开了学校就不再学习。在人生中，我们有更多的东西要学，有很长的路要走。在此章节中强调的向外发展人际关系就是我们成长过程中最值得学习的领域之一。

有目标感地向外发展

　　上文里这些有智慧的男人们所塑造的美好景象是我希望每一个男孩都能够看到的。通过见面谈话和分享经验，他们更加确定了彼此之间需要团结一致。这些男人们打破了男性不愿意寻求帮助的统计数据。尽管他们在事业上都非常成功，而且大多数人都处于行业顶端，但他们很快就意识到彼此在生活或职场上是相互需要的。而事实上，很少有男人愿意向他人大方地坦白这种需求。长期以来，我所共事过的一些最健康的父母都处于疗愈精神的恢复期。当你完成了精神疗愈的十二步骤法，你就明白自己需要他人的帮助，这一点非常重要。这是精神恢复期要做的基础工作。

到那时，你已经知道自己到了无能为力的地步，而前进的唯一途径就是寻求帮助。这就是参加精神康复十二步骤小组的好处，这是一种持续渐进的做法，在一个安全的环境里与他人联结在一起，并坦承自己的需求。

如果我们不能学会真诚地祈祷、真诚地交谈、真诚地做事情，那么我们就要一直依赖自己的能力解决问题。但是，只凭自己的力量，并摆出好像有能力摆平问题的姿态，常常会阻碍我们对外界的需求。因为我们不能同时既表现得独立却又依赖别人。

但现实中非常重要的一个事实是，让男孩承认自己很脆弱、需要求助与"要男人一点"这句老话是多么矛盾。因为在生活中，男性常常会不由自主地告诉自己"要像个男人"，也会听到别人对自己说这些话。如果你认真思考一下，你就会发现这句话里传达的信息是：停止感受当下的情绪，开始行动，你要自己处理所有事情。这一信息给男性带来了沉重的负担，他们需要自己承受生活中的所有重担，还不能获得别人的帮助。但是，我认为事实与此恰恰相反，当我们沉浸地感受内心的情绪，深切地感受内心的悲伤并把自己和渴望得到的事物联系在一起时，我们才是真正的男人。当我们承认自己对他人的需要时，才能呈现最好、最真实的自己。我想请你和你的男孩仔细地揣摩"要男人一点"这句话。谈谈这句话通常意味着什么，这句话所包含的信息会对男孩的身心健康带来的害处。再探讨一下，在关于男性健康和幸福的统计数据中，这句话是否产生了可怕的影响。最后以此为出发点，深入钻研向上和向外生活的意义。

我的家乡教堂位于纳什维尔，在那里，我们每次礼拜都以祈求上帝赐福的仪式结束。我们的牧师把这种祈求上帝赐福的仪式解释为请求上帝保佑的祝福。在我们走出教堂之前，他为我们诵读圣经来祈求上帝赐福。他要求我们在接受上帝赐福时要举起双手，这个姿势是为了提醒我们对上帝赐福的需要。

我知道我每周都需要不止一次被提醒"要举起双手"。因此，我每天早上都会张开双手祈祷。当我坐在位子上的时候，我都在提醒自己。而且我还注意到，当我的手掌张开时，我的头似乎是向上的，而不是弯下的。虽然这对你来说可能微不足道，但对我来说意义重大。

作为一个男人，我开始认识到自己常常会把时间浪费在担忧未发生的事情上，而且还认为一切都得靠我自己掌控。我的所作所为就好像我要负责独自一人养活我的家庭，而且我必须靠自己孤身奋战。

人要时常向上看，看看上帝赐予了我们什么。这让我想起我曾继承了一份遗产。它也提醒着我，我的人生是有使命的。就像我的朋友杰伊和凯瑟琳·沃尔夫对他们的儿子说的那样："上天为你写好了你生命的美丽篇章，他希望你完成自己的使命，去做困难的事情。"

我相信每个男孩都需要别人对他说这句话。他需要知道自己有能力去做艰难的事，而且他是为完成这件有意义的事而生的。生而为人，我们各自有人生的目的和意义。

我认为男人在有目标的情况下会处于最佳状态。男孩们一旦树立了目标，就会深刻了解到自己应该成为什么样的人，从而自然地生出积极的掌控感和力量感。

在我从事心理工作的近三十年里，我见过最痛苦挣扎的男孩就是那些没有方向感的男孩。即使一个男孩拥有很多优质资源，如果他缺乏目标和前进的方向，也会在人生

> 你的儿子需要知道，他有能力去做艰难的事，而且他就是为完成这件有意义的事而生的。

之路中迷失自我。

我相信这就是为什么当罗杰斯先生在电视新闻上看到可怕的事情发生时，他的母亲总是鼓励他去寻找帮手一起去解决问题的原因。这不仅为他带来了希望，也让他重新发现了生命的意义和目的。他在美丽的生命之旅中感受到了人们正在经历的艰难困苦，而看到这一点之后，他便意识到自己人生的意义和目标。

爱出者爱返，福往者福来。当我们相信我们能"助他"时，其实我们也在"助己"。如果男孩能够让自己有目的地向外走出去，他们才能更接近自己的本性。也许是帮助同学辅导他所擅长的科目；也许是帮助弟弟妹妹指导他们的足球队；也可能是为年老的邻居带去饼干或为生病的亲戚制作卡片；还可能是在当地的动物收容所做义工；亦或是帮助建造一个流浪动物的仁爱之家；又或是找到一份兼职工作或在一个非营利组织实习，等等。诸如此类的实践机会都是在把他与健康的、向外移动的情绪联系起来。

此时，他不仅是在帮助别人，他自己也正是被帮助的人之一。我们要注意的是，做家长的要如何帮助他建立此类联系。弗雷德里克·布赫纳写道："人类最大的喜悦与世界最深的需求连接在一起，上天召唤我们到这接轨之处。"男孩在辨别这个地方和朝它走去时需要你的支持。男孩的情绪也是帮助他们找到这个地方的路标。

我始终认为，愤怒是道德和勇气的基础。如果你在看新闻时感到愤怒，那么这种情绪往往会推动你走向正义和仁慈的道路。因为，它是在给你一个信号，让你明白，你在这世界上更看重的是公平和公正。当我们感到愤怒时，我们总想要用自己的声音来对抗生活中发生的坏事。那么，怎样才能做到这一点呢？你又如何能帮助你的儿子通过他表现出的情绪来挖掘他的价值观呢？

其实，这不就是看待和体验愤怒的不同方式吗？

那么悲伤呢？七年前，我的母亲死于癌症，在那之后，我感到无法言喻的悲伤。但恰是这悲伤在不断地提醒我，对我来说，她是世界上最重要的人之一。我在大声哭泣中回忆她，并让这些悲痛的情绪慢慢地浮现出来。其实悲伤是哀悼过程的一部分，但是如果强行抑制悲伤情绪，就会影响哀悼的进程，这个哀悼过程对治愈我的身心至关重要。

母亲去世之后，我发现当我和其他同样经历了父亲或母亲离世的朋友相处时，和曾经的我不同了，我似乎变成了另一种朋友。我比以前任何时候都更善于调整情绪，更富有同情心了。我开始向他人敞开心扉，分享我的回忆和故事。这为我打开了更深的同情之门，让我可以更深切地体察承受了更多苦难和丧失的人们。

理查德·鲁尔说，"如果我们不想办法减轻自己的痛苦，那我们肯定会把痛苦带给别人"。或者正如那句谚语所说，"受伤之人会伤害别人"。根据这本书之前分享的统计数据来看，男性最容易用自己受的伤来伤害别人。我认为，男性通过成瘾、出轨、自杀和其他有伤害性的行为造成了数不清的痛苦，其实最根本的原因是他们正挣扎于水深火热之中。不过，痛苦是可以通过向外和向上的情绪转移来缓解的。男孩不仅需要知道他们的痛苦可以转化，还需要知道他们有能力把情绪转移到对自己有益的东西上。男孩们首先要清楚当下的情绪是什么，并学会关注它，否则他们无法走向对他们有益的彼岸。而且，他们还需要在周围的成年人身上具体地看到如何将情绪向外和向上转移。

> 男孩们需要知道，痛苦可以转化为对自己有益的东西。

情感就像路标，指引着我们所关心和渴望的事物。情绪不是洪水猛兽，我们不要害怕它而要学会认识它，不要阻止情绪的肆意蔓延，要学会接纳和梳理。因为人的情感是与生俱来的，它与我们对他人和外界的需求紧密相连。我们的任务是找出情绪向内和向外运动之间的平衡点。向外的情绪转移会让我们把

自己和生命的目的和意义有机结合。找到内外之平衡，能够帮
助我们在人生路途中完成困难的任务，也给这受伤的世界带来
希望的光芒。

刻意练习

1. **使用图表：**使用本章中的图表，帮助男孩在情绪的向内和向外运动之间建立一些联系。让他们举出自己的例子，作为衡量他们对这些概念理解的一种方式。你也可以分享一个自己的例子。

2. **户外活动：**确定三种户外运动和户外谈话的环境或方式（徒步旅行、骑自行车、遛狗等）。这些户外环境会为更优质的谈话创造空间。

3. **写日记：**帮助孩子利用前文中的问题或日记提示坚持写日记，鼓励他去表达自己觉得很难描述的事物。如果他年纪太小还不会写字，你可以与他一起通过画画做这件事。

4. **书包实验：**按照本文中书包实验各阶段的指令，帮助男孩亲身体验身上背负着思想、情绪和经历的感觉，以及它是如何成为人际关系中的障碍的。

5. **寻找目的：**读读布赫纳的那句名言——"人类最大的喜悦与世界最深的需求连接在一起，上天召唤我们到这接轨之处"。跟孩子一起解读它的含义。帮助他建立上天赋予他的任务和对他的需求之间的联系，以此引导他实现自己的使命。现在就帮助他找到其中的一个任务，并将其转化为自己具体的目标。最后可以分享一个你在工作、当志愿者或服务他人时的亲身经历，给孩子做参考。

第九章

建立情绪表达的新习惯

09

情绪调节努力的终点是拥有更大的蓝图。我们的每个小目标
都应是可量化和易操控的,我们建立的习惯是每天或每周朝
着目标迈进一小步,如此种种都是我们要到达的彼岸的基石,
帮助我们所爱的男孩把遥远的终点,变成脚下每一段实实在
在的路。

每个学年结束前，我都会同孩子和家长们一起谈论暑假计划。我认为暑假为男孩们提供了一个独一无二的时间和空间，让他们可以在学校规划的学业限制之外更好地成长和发展。在暑期，所有年龄段的男孩都能接触到各种各样的机会，从参加夏令营，和家人度假，到找一份兼职，报名志愿者活动；从培养一种新的技能，参与暑期阅读计划，加入无电子产品的"安息日"，到野外冒险，或者到公司实习等。和家人一起畅想并精心规划如何更有意义地度过这个假期是一件非常有意思的事。

　　我经常问男孩他们希望度过一个什么样的夏天。有时，我会听到诸如学习一项新技能，找一份兼职工作，制定一个暑期目标或开启一项新体验等类似的回答。但很多时候，我会得到一个完全相同的答案：

　　我想要一个悠闲的夏天。

在听过一千多次这样的回答后，不用说我也能明白这句话是什么意思。但我还是会追问，因为我喜欢一次又一次地听到同样旋律的不同变奏：

我想要休息时间。

我不想做任何家务。

我想熬到几点睡觉就熬到几点。

我不想要宵禁。

我想要无限的玩游戏时间。

我不想承担任何责任。

我只是想出去逛逛。

我不想被要求做任何事情。

在这一方面，我完全理解他们的愿望。而且，我举双手赞成要给孩子们一个喘口气的机会。因为我知道，这些男孩们要在一整个学年全神贯注、认真努力，不仅要安安静静地坐在教室里学习，还要使出九牛二虎之力去研究学术并拿到 A 的成绩，这是一件多么困难的事。所以我全力支持孩子要有一定的休息时间，并且希望家长们也能从望子成龙、望女成凤的期望和桎梏中走出来。

另外，我发现其实大多数男孩都没有足够的自控能力来合理安排自己的时间。家长们要是任由他们独自在家，他们就会把所有的时间浪费在电子产品上，中午不起床，半夜不睡觉，狂吃垃圾食品，逃避所有的家务和责任。这一切对他们身心发育没有一点好处。事实上，如果睡眠时间少，无限制地使用电子产品，外加逃避责任和天天吃垃圾食品的话，男孩就会变成一个"魔鬼"，成为一个无法控制自己情绪的"定时炸弹"。

其实就像生活中大多数事情一样，这也是一个寻找平衡点的问题。就比如，家长怎么样才能降低对男孩一学年的期望，而且还能保证他们能独自承担身心全面发展所需要付出的责任呢？我们怎样才能既允许男孩睡懒觉，又能不让他熬夜到凌晨三点呢？我们如何在享受慢节奏生活的同时还能让其他事项有条不紊地进行呢？

有些路我们想让孩子一个人走，但他很难靠自己的努力完成这些事情，所以他更需要家长的关心、监督和介入。当然，我们也要把孩子的意见和建议考虑在内。所以，在夏天来临之前，我们可以先坐下来简单地聊聊暑假的选择，如夏令营、度假、兼职、做家务、放松、锻炼身体、玩电子产品和达成目标等。在了解情况之后，家长可以协助孩子制定几个暑假目标。这个在前文中讨论过，要制定那种可量化、易操控的目标，并且还要让孩子对暑假生活中的成长充满期待。还可以说说家庭生活的日常规律，以及对孩子的期望和需要。你们也可以考虑签订一份明确的暑假合同，清楚地表达出你的期望和他的自由，让暑假计划清晰、具体、简洁。

你还可以制定一张日程表，让男孩可以清晰地看出他有哪几周时间要外出体验不同的活动，还有哪几周时间要待在家。这种可视化的日程表可以方便他与别人分享如何平衡地安排这些事情，男孩们会从中受益。在给男孩寻找工作和志愿者机会的过程中，你也可以留心发现他的热情和兴趣所在，以便更好地安排他的暑假日程。

最重要的是，因为有些男孩希望得到暑假的掌控权，所以在他们展现出对此极大的兴趣和热情之前，家长们要合理适度地安排暑假计划。我经常听到男孩子说，"我妈妈帮我安排了整个暑假，但是，我没有一点发言权"或者"我讨厌我整个暑假都被安排在外面，我希望我能多点时间待在家"。事实上，让孩子参与制订暑假计划可以抑制他的一些负面情绪。

最后，因为这样的"安排"更像是我们对孩子的要求和期望，所以我们还要时刻把他对"悠闲"夏天的期待记在心间，并告诉他这样的"安排"是为了锻炼他，这对他成年后自主安排休息时间大有裨益。虽然他现在还不能完全理解这一点，但如果能让他事先知道，也未尝不是一件好事。

　　我常常会听到家长们说"孩子不想跟我一起筹划暑假"，或者"我想跟他讨论暑假，但他总是避而不谈"诸如此类的话。如果我们就此放弃给他们制订计划，就是在等待男孩们独自走向无法到达的彼岸。所以我们还是要继续下去，把培养他的长期性格放在短暂的快乐之上，这就是为什么我们要为他精心做好规划，尽管他还意识不到自己非常需要。

给男孩一份健康心智餐盘

　　在与男孩围绕某些想法进行头脑风暴时，我鼓励父母使用一种叫作健康心智餐盘（Healthy Mind Platter）的工具。它是由第七感研究所执行主任、美国加州大学洛杉矶分校医学院的临床教授丹尼尔·J.西格尔博士和神经领导力研究所的执行主任戴维·罗克博士共同提出的。它同样有助于男孩制订自己的周计划或周末计划。在学习如何安排计划和生活节奏并且形成自己的一套习惯和做法的漫长过程中，也为他培养了必要的生活技能。男孩在整个发展过程中都会需要并依赖这种技能。

　　首先让我们回想一下在小学时学过的食物金字塔，它告诉我们，为了使身体达到最佳健康状态，我们应该在日常饮食中摄入哪些食物。健康心智餐盘包含七个优化心理健康所需的日常心智活动。这些活动包括专注时间、玩耍时间、联结时间、运动时间、自省时间、放松时间和睡眠时间。这七项日常活动构成了大脑在最佳状态运作时所需的"心智营养"。

在网上很容易找到详细解读这七类活动的文章。我们可以学习把这些活动融入日常生活的方法，以帮助自己达到更好的平衡。如果我们把这七项健康心智活动的清单打印出来，一起讨论如何体验这些活动并享受其中的每一个步骤，遇到阻碍时说说哪些活动比较难，哪些比较容易融入日常生活，相信每个家庭成员都会从这样的氛围中受益。如果你想努力找到生活的平衡，并想把健康的习惯和舒适的体验融入生活时，"健康心智餐盘"可以作为一个得心应手的工具，帮助你实现目标。

养成有利于幸福生活的习惯

身体、情感、关系和精神上的健康不会凭空产生，所以我们必须养成有利于幸福生活的习惯和做法。在这四个方面养成良好的习惯对我们的身心愉悦也十分必要。当我在办公室和男孩们一起制定目标时，我总是会鼓励他们在每个方面都尝试制定可量化和容易操控的目标。比如在学期中，我会帮助男孩们制定与学习和运动相关的目标，而在暑假期间，目标则会与当时的具体活动相关。

我们这样做，不仅是想传达制定可量化和易操控的目标有多重要，更是想证明，日常习惯和实践是如何一步步带领我们到达理想之地的。我想要提醒男孩们的是，虽然我们每个人都会为向往的生活树立美好愿景，但大多数人都不会去身体力行把它们变为现实。空想是无法把我们带到新的生活方式里去的，唯有实践才能让梦想照进现实。

男孩应该会认同这种逻辑，因为他们是属于行动导向型的最佳问题解决者。但是，男孩们需要外界的帮助来把这些想法付诸实践。

然而，随着时间的流逝，有些习惯和做法已经不再对男孩适用。我会和男孩探讨如何运用自己解决问题的能力去摒弃那些落后的习惯，或者因为不够熟练有时无法发挥作用的习惯，帮助他们摒弃旧观念，并用新的做法取而代之。我们这种做法的本质，其实是在探索习惯和实践对身体、思想和灵魂的规训。你可以和你的儿子讨论一下他的习惯和行为。只有拥有了正确的习惯和做法，我们才能更好地实现上天赋予我们的使命。

说到这里，我想到一个老生常谈的问题。很多男孩由于缺乏练习没有养成控制情绪的习惯，因而总是如同困兽一次次在同样的问题上打转。就在这星期，一对父母前来找我咨询，他们的孩子才 12 岁，长期对着父母和姐姐大吼大叫。他在生气的时候，还会不停地扔东西、砸东西。更糟糕的是，他甚至有一次还把妈妈推倒在地。这件事深深地刺激到了他的父母，想为男孩寻求心理上的帮助。在他们看来，虽然孩子从小就有难以控制情绪的表现，但是也从来没有严重到如此地步。我们理解这对明智的父母为何向我们伸出求助之手，他们担心当孩子步入青春期时，生理上的巨大转变，情绪上的紧张和复杂到难以处理的人际关系会汹涌而至，进而导致更严重的后果。

　　这对父母分享了他们对男孩的观察。他们记录了男孩从婴儿时期开始就经历过的肠绞痛、睡眠困难、感觉障碍和情绪爆发的发展历程，也在这过程中积极想办法，先后给男孩找过职业治疗师、饮食治疗师、营养调理师和学校辅导员。但还是有大量事实表明，这个男孩仍在饮食、物品材质、不同环境的过渡时期、人际关系和情绪管理等多方面都感到不适。而且，他还很容易产生应激反应，情绪如同马达在几秒钟内从零加速到每小时一百多公里，一触即发。针对这一情况，我们探讨了要把期望的目标设定在一个合理的水平上。随着时间的推移，重复了无数次的相同的思维模式和行为会创造我们大脑在未来自动采取的心理路径。就像每天下班都走同一条路回家一样，随着时间的流逝，这条路的细节我们都了如指掌，甚至在睡梦中都可以走完它。十多年来，这个男孩也在不断重复激发和连接自己的神经通路，习惯了以情绪爆发来应对自己的不适感。

然而，好消息是，大脑的结构是可以改变的，我们总是可以开辟一条新的路径为我们所用，这需要恒久的习惯和不断的练习。我想提醒各位家长，练习使人进步，但不会让人十全十美。俗话说，一口吃不成胖子，我们既不能没日没夜地练习，也不能直接来个 180 度大转弯。我们要从一个缓慢的转弯开始，这也需要不断地尝试。

> 大脑的结构是可以改变的，我们总是可以开辟一条新的路径为我们所用。

男孩的妈妈接着补充道，一年前，儿子确定信仰并进行受洗。虽然在这之后，他有过一段短暂的情绪平和期，但随后又开始爆发。有一次他问母亲，神父是否在他头上浇了足够多的水来"使洗礼生效"。你看到发生了什么吗？他百分之百地相信，虔诚的信仰和洗礼会改变他的行为。

尽管男孩的想法很具体，但他的父母还是和他进行了一次愉快的交谈，试图引导他了解一些抽象的概念，同时也仔细地分析了保罗所说的"做我不想做的事"和"不做我想做的事"意味着什么。

他们明智且巧妙地提醒儿子，他自身在这个过程中发挥了重要作用。是的，他所做出的选择意味着精神信念已经住在了他的心里，并让思想决定一切。但正如人每天都需要做出选择和安排，来获得充足的睡眠、获取有营养的食物和锻炼身体以保持身体健康一样，他也必须养成类似的习惯来保持情绪健康。随后，这位母亲又跟男孩提起了她的祖父，虽然男孩从未与他谋面。

她对儿子说，自己的祖父每周都会去教会，也读过很多遍《圣经》，但这并不妨碍他冲着自己的家人吼叫，并且辱骂她的祖母。她认为祖父总是把自己描绘成一个心理上成熟的男人，但她则认为祖父是一个情绪失常的人。

以此为出发点，这位母亲继续谈论了心理咨询的意义，以及全家人该怎样想出新主意以应对生活中的不适感，这种不适感可能来自计划以外的改变，比如出现在餐桌上的新食物，对兄弟姐妹的不满，或是限制电子产品的使用等。她告诉儿子，家人们曾一起做过许多尝试，想了很多办法，但是好像都不太管用。是时候想出一些新点子，或者换一个新"教练"了。

随时开始学习新的情绪表达方式

邀请一位新的"教练",其实就意味着向他人寻求帮助——这是我们在前文中讨论过的,而且经过研究证实的,对男性来说非常困难的事。但是我们必须在这方面训练男孩,因为这不是男孩天生拥有的能力,所以更需要在男孩身上不断重复和练习。

许多男孩在成长过程中总能听到妈妈谈及和朋友、咨询师和心理导师的相处经历。但是很少有男孩在生活中听到男人们说起这样的事,或者说起向他人寻求帮助的各种好处。如果我们想要改变前文中分享过的令人震惊的男性统计数据,我们就不能仅仅空喊口号,而是必须要让男孩们看到和听到男性们寻求帮助的证据,这是再怎么强调也不为过的事情。

而且他们需要把男性视为学生,并接受这样的观念——我们有更多东西要学,有更大的成长空间,因为我们自己并不是才高八斗、学富五车,不能了解所有的事。在我们的一生中,需要老师、教练、牧师和导师的帮助。我曾经听一位牧师说,他每天都向自己宣讲福音,因为他每天都忘记它。他把这种情况称为"福音健忘症"。

当男孩看到生活中的男性仍然在学习、阅读、成长并渴望改变时，他们自然也会潜移默化地感受到自己也需要改变。他们不会觉得自己会有成为"完美的人"的那一天。

在此过程中，我更要反驳"随时开始学习新技能"这句话。就像这个12岁的孩子已经发展出了易怒模式的神经通路一样，他也可以开辟出新的神经路径。作为父母，我们同样可以培养出新的思维模式。所以，随时开始学习新的情绪表达方式是完全可以实现的。

还有一个关键点是，你要了解自己的特定诱因和喜好。例如，每个认识我的人都知道我爱吃甜食。我一天24小时都想着甜食（是的，甚至在睡觉的时候）。我无时无刻不在渴望着吃甜点。我的妻子相信我是世上唯一一个经常吃"甜点早餐"的男人。我可以轻松地用肉桂卷、松饼、香蕉面包和华夫饼搭配着鸡蛋和培根一起吃。

几年前，我在新闻上听到过一则关于瘦素的消息，这种激素是一种饱腹感的信号，会提醒你的大脑停止进食。我百分百相信我的体内绝对没有这种激素，因为我从来没有体会过饱腹感，还总是想着吃下一顿。

这则新闻报道还提出了一个观点，通过戒断精加工食品，可以帮助人提高体内瘦素的敏感性，从而更好地提升饱腹激素水平。我决定亲身实践一下这个观点。在心脏病专家的建议下，我改变了日常饮食，慢慢地养成了一些新的生活习惯，比如不吃某种食物，不在深夜进食，并时常在家附近散步等。总而言之，我正在管住嘴、迈开腿。虽然我很想说出那句"我现在不那么想吃东西了"，但事实是，我现在仍然可以一口气吃下六个肉桂卷。

由此说明，虽然我们的喜好可能不会改变，但我们的行为习惯可以不同。我经常和患有焦虑症的孩子们谈论这个问题。我们可以理解，尽管所有的孩子都希望焦虑症消失，并且永远都不要再回来。但事实上，他们很可能还会在某种程度上常常与焦虑做斗争。不过也不必过于担心，他们可以培养与焦虑共存的技能和策略。我曾经为一位单亲妈妈和她9岁的儿子开过一次家庭会议。由于她一生中的大部分时间都在与焦虑做斗争，因此在儿子很小的时候，她就开始注意到这种焦虑在他身上的外化表现。她告诉儿子，她是多么感激心理咨询，以及这对她的帮助有多大。她告诉儿子："如果你碰巧和我一样总要跟焦虑打交道，那么，我希望你能够与上帝一起面对它。"我非常欣赏她口中的"与神同行"这个短语。一想到她的儿子可以培养与焦虑共存的技能和策略，并且一生都能坚持使用这个方法。那么，他就不是孤身奋战，无论他正在经历什么样的焦虑，他的妈妈都会与他同在。

> 我们的喜好可能不会改变，但我们的行为习惯可以不同。

从身体、精神、人际关系、情绪表达上培养习惯

当你想要实践和培养习惯的时候，我建议最好从常用和具体的事情入手，因为每个人对这两种事件都再熟悉不过了。我们可以从我前文提到的四个方面来定义一般事件的性质——身体、精神、人际关系、情绪表达。还可以在建立习惯时，用这个简单的框架来帮助我们自身和我们所爱的孩子进行理解和实践。

1. 确定事项的内容。
2. 设定目标。
3. 养成习惯并付诸行动。

让我们从身体上的常见事件开始。如果这类事项是为了保持活力和促进身体健康和长寿的话，我可能会设定一个每周锻炼三次的目标。还会建立一个在日程提醒软件（或你特定的日

历应用程序）上设置提醒的习惯，提示自己哪天有充足的时间去运动，或者是给朋友发短信，相约一起跑步。这类事情的想法和创意是随意发挥、无穷无尽的。

1. 保持活力。
2. 每周锻炼三次。
3. 在日程提醒软件中设置日程提醒。

接着再让我们看一下精神上的常见事件。

我曾被这句话深深吸引："把我们的生活建立在爱之上。"如果我致力于把生活建立在爱之上，那就可以解释我所希望的工作和日常生活。我不需要做什么来赢得爱，因为这已经是既定的事实。而当我的工作完成后，我更加深了对爱的理解。

我家里有一张椅子，我每天早上都会坐在那里。椅子旁有一个篮子，里面放着我的《圣经》还有老花镜（这是我年龄的标志）。我会在旁边点上一支蜡烛，迎接这个阅读和独处的时刻，再享受一杯浓郁的咖啡。在家里确定一个这样的空间，把所有需要的物品都放在这里，时间和地点的一致性也会让人的心态更加稳定。于是，我每天都期待着清晨的第一杯咖啡，再结合一些其他的练习让我专注于自己的精神世界，这让我沉浸其中并日渐增益。多年来，我已经形成了自己的习惯，让我可以适应这种生活。

1. 把生活建立在爱之上。
2. 每天阅读、独处、写日记。
3. 提前准备好每日清晨的第一杯咖啡。

对于我而言，在人际关系方面做得最多的努力就是经营我和妻子共度的时光，滋养我的婚姻。我的妻子和我都在外工作，我们共同养育了三个孩子，他们都积极地参与学校活动和运动健身，而写作和旅行又是我工作的常态。如果把以上种种因素综合在一起，就会发现我和妻子独处的时间其实非常有限，怎样合理安排其实是个巨大的难题。和许多夫妻一样，我们也从过去的经验中得到过教训，那就是在一起的时光不能没有目的和计划。我们必须把它安排出来，就像我们必须把去杂货店、锻炼和做家务的日常事项罗列出来一样。虽然这在你看来可能有点机械和呆板，但是对我们来说，除非某件事被合理安排或计划出来，否则它不可能完美地发生。

我、妻子，还有三个十几岁的孩子一起住在一个小房子里，单独的夫妻交谈对我们来说有点困难。所以孩子小的时候，在把他们几个哄睡着之后，我会选择某个晚间的片刻，在客厅里和妻子单独吃夜宵，当作是我们俩在家庭里闲暇时光的"野餐"。过去，我们在不同的时期也有不同的相处方式。比如，我们在预算充足的情况下曾经请过保姆。一旦孩子们长大到可以独自待在家中，不必请保姆帮忙的时候，我们会单独出去约会吃晚餐，或者周六早晨一起跑步去买咖啡。

我和妻子都希望保持身体的活力和健康，所以我们经常会去市内公园远足。如果时间不允许，我们就选择在家附近的街区散散步，走上一小时。在挤出时间锻炼的同时，一起享受二人独处的美好时光。

1. 滋养我的婚姻。
2. 每周至少有一小时的夫妻独处时间。
3. 每周日下午在家附近散步。

我和许多自律的男孩打过交道，他们尤为热衷于健身。尽管在过去的数十年中，科技的发展"劫持"了很多人对运动爱好的兴趣和投入，但是那些来自拥有坚定信念家庭的男孩子们，往往会在家人的支持下坚持几个运动习惯，以增强自身的精神力量。不过到了青春期，他们的动力就会不足，所以男孩们需要加入志趣相投的团体来维持他们的积极性，比如青年生活组织或者其他校园社团。

相比之下，男孩对人际关系和情感生活的投入和用心程度，要比女孩少很多。他们往往会把这两个方面置于次要的地位。因此我们很可能要花更多的时间去帮助他们改善较弱的社交和情感能力。

就拿典型的情绪抑制（或爆发）和表达问题来说，我们要帮助男孩让所有的努力落在调节情绪的大伞之下，目的是减少他们直接罢工、拒绝沟通或者情绪大爆发的频率。培养的方法可以包括写日记，散步时向他人倾诉难过的事，走进情绪房间，或者把"五大情绪宣泄法"清单挂在一个很显眼的地方。

1. 调节情绪。

2. 遇到挫折时不要大喊大叫或扔东西。

3. 情绪激动时，至少去情绪房间待五分钟。

还有一些需要我们改善的具体情况与男孩在冲突时的行为模式有关，当计时器提醒玩游戏时间结束时，男孩往往会和妈妈大吵大闹。我们可以根据他的表现进行干预。

一定要注意，情绪调节努力的终点是拥有更大的蓝图。我们的每个小目标都应是可量化和易操控的，我们建立的习惯是每天或每周朝着目标迈进一小步，如此种种都是我们要到达的彼岸的基石，帮助我们所爱的男孩把遥远的终点变成脚下每一段实实在在的路。因为男孩会陷入想法的漩涡，不知道如何去执行这些目标，所以我们可以把事情分解成具体的步骤，在为他们培养良好习惯和做法的同时，帮助他们培养设定目标的能力。

男孩们的努力尝试

还有一些关于习惯和实践的案例，可以让我们看到从蹒跚学步到十几岁的男孩是如何在身体、精神、人际关系、情绪表达方面成长和发展的，我们来看看他们是怎么做的。

最近，我在为一个小学生做心理咨询，他正在努力挑战 90天内坚持每天跑步 1.6 公里。在坚持到第 30 天的时候，父母和他一起制定了一个小奖励。如果到第 60 天，会有一个大点的奖励。如果他完成了坚持跑步 90 天的目标，那就可以和爸爸来一次愉快的水上公园之旅。当天是他跑步的第 62 天，我也在为他欢呼加油。他逐渐意识到，每天跑步对情绪的释放有很大帮助。

他能够清楚地说出跑步对自己的意义，而且还明智地发现，他必须安排一天中的某个特定时间专门用来跑步，不然可能根本没办法坚持下去。

这个孩子已经把跑步的目标融入了自己的精神世界。他会在跑完后走十分钟，边走边祈祷。我很喜欢听他讲述自己在跑步后的"冷静"阶段与自己的对话，他称之为"平复灵魂的对话"。

有一个九年级的学生是橄榄球队的新成员。他发现自己在比赛时的表现平平无奇，所以他悄悄给自己设定了训练目标，即每周训练四天力量和体能，希望能引起进攻教练的注意。同时，他也逐渐意识到，在坚持训练的过程中，自己的情绪会更加稳定。这让他更加确信肢体运动可以更好地释放自己的情感。

一名上了中学的男孩，不太喜欢学校要求的每天坚持阅读的暑期作业。为了达到一箭双雕的效果，他想出了一个好办法，那就是把学校布置的每天阅读半小时的暑假任务放在骑动感单车的时间里同时完成。虽然他也很喜欢在户外骑行，但是为了能完成不太想做的作业，他情愿拿出一半的时间在家里骑车。他还发现，当他的双脚在运动的时候，阅读就成了一件更轻松的事。

一个小学男生有喜欢打断别人说话的毛病，在家人的帮助下，他制定了一个人际关系上的目标，从今往后，在晚餐开始前，要让妹妹先开口分享她一天的生活，以便培养自己在说话前先倾听的习惯。还有一个高中男孩也同样设定了人际关系上的目标，让自己的妹妹选择上学路上的车载音乐。因为他曾经有一个霸道的规则——"我坐的车，只能听我选的歌"，但他现在才明白这其实是非常自私的行为。

一名中学男生为自己设定了一个情绪上的目标，那就是，在他变得易怒易争吵时，他请求父母利用眼神或是特定动作提醒一下，以便他及时调整，不至于矛盾升级，最后总是导致他被父母限制玩游戏的时间。于是他们约定，当父母用手指碰碰嘴唇时，就是在提醒他，他正在把一场谈话变成争吵。看到这一幕后，他就会径直回到自己的房间查看自己的"五大情绪宣泄法"。

一个小婴儿的父母会在餐桌上放一张情绪图表，每个家庭成员在吃饭时都会传递这张表，从中挑选并说出自己当天最深刻的两种感受。

还有一位独自养育孩子的单身母亲，每天都会进行一项名为"早晨聚会"的练习。她正试图让儿子和女儿理解"想要"和"需要"之间的区别。每天吃完早餐，他们三个人会围坐在一起讨论今天的事项，从使用情绪图表开始，来说说自己心情如何。在此之后，每个人说一件自己"想要"的和"需要"的东西。一件真正"需要"做的事可能是他们待在房间独处，或者需要和妈妈单独相处；而"想要"的东西可能是建造一座堡垒，自制一次冰棒，去动物园玩，或是晚睡觉 15 分钟。

　　一名我曾经辅导过的青春期男孩，刚刚获得父母的同意可以使用社交媒体。尽管他要遵守与父母的约定，并要承诺在使用过程中对自己的行为负责。但是他的父母依然忧心忡忡，因为他在家里会把自己的想法脱口而出，并且在未经他人允许的情况下就给别人提建议。所以，父母提醒他，不要在网络上纠正他人的想法也不要反驳与自己意见相左的评论。由于社交媒体缺乏亲和力和真实的人际关系，所以是一个非常不适合与他人争论的平台。

　　一个九岁的孩子正在自己的床上学习独自入睡，但是他总是想尽一切办法拖延他的上床时间。他一次又一次地向父母要水喝，求关注，然后每次在他难以入眠的时候就走进父母的房间。他要练习的是慢慢放松自己的肌肉神经，并且，可以借助"数羊"的方法让自己放松身心，进入梦乡。

　　一个五岁的男孩，被父母称为"世界上最挑食的人"，正在通过循序渐进地接触新食物和与家人共进晚餐时的愉快交谈来缓解吃饭给他带来的不适感。

一个争强好胜的十一岁少年正在享受和朋友们一起在赛场上驰骋，但他要提醒自己的是，这只是一场小比赛，而不是超级碗（美国橄榄球超级杯大赛）。在场上，当他感觉到内心警报响起，提醒自己有可能会情绪爆发的时候，他会深呼吸，并且在赛场上四处走动一下来让内心恢复平静。

一个八岁的孩子正在学习人际关系中的互惠模式。父母对他的评价是，他经常打断别人，在与他人对话的过程中喜欢争强好胜，并且非常小气，不让朋友选择他们喜欢的游戏和活动。他的目标任务是，要学会关注他人多于自己，设身处地多为别人着想，切忌以自我为中心。他改善自己的具体做法是，多向别人请教问题，少给别人提建议。

家庭给予的支持

如果我们和孩子都正在培养和建立新的习惯和生活方式，那不妨考虑把每天、每周、每月、每季度或每年要做的事融入家庭的日常安排中来。

我有一次做心理咨询的时候，认识了一个家庭，他们日常的习惯是，每天清晨吃早餐时为餐桌上坐在自己左边的人祈祷。

如果某天爸爸出差了，他也会尽量用在线视频聊天的方式与妻子和孩子维持这种家庭的惯例。

另一个家庭会在每天晚上吃晚餐时，在团聚的氛围中分享今天发生的愉快和不愉快的事，以及自己的情绪和感受。

还有一个有青少年的家庭，会选择每一个家庭成员都在的周末一起做饭和聚餐。尽管每个人都有忙碌的日程安排，但这是一个很好的面对面沟通的契机，他们会借此机会开一个简短的家庭会议，讨论一下未来几周的日程。

还有两个曾在我这里咨询过的离婚家庭，会定期举办"自制比萨之夜"，大家吃比萨，然后看电影和聊天。他们巧妙地利用电影作为培养孩子批判性思维的良机。

有一位抚养了几个孩子的单亲妈妈，让每个孩子每月各有一天在她房间里"过夜"的机会。孩子们一般会选择周末的晚上，现在，这个习惯已经成为孩子们每个月都翘首以盼的事情。

有些家庭每月会选定一个周日作为"无电子产品"日，在这 24 小时里，每个人都不使用任何电子产品。这种做法旨在增进沟通、加强联系，以便拥有高质量的休息和更好地为每位家庭成员充电。

多年来，我熟识的几个家庭养成了一个习惯：他们每个季度都会精心策划一次与家里的某个孩子单独相处的机会，可能是一个全天的活动，也可能只是一个通宵。他们通常不会离开所在城市，但可能会选择住在某个酒店，享受着游泳池和外卖，或是在房间里看电影的那份惬意。这个习惯可以让父母集中精力关心每个孩子，要知道，在一个多子女家庭里，拥有和每个孩子单独相处的高质量时间实在是难上加难。

还有四个孩子才一两岁的家庭组成了一个联盟，他们每季度都会相约一起行动，为贫困家庭提供食物。他们在当地的食品募捐活动中帮忙一起打包食物，然后再一起开车分发给需要的人。他们的善行帮助了其他家庭解决了温饱问题，也让孩子尽早接触到其他人的需求，意识到助人为乐的意义。

许多家庭每年会计划一次整个大家族成员一起参与的旅行，让孩子在旅行时与堂兄妹一起玩寻宝游戏。这个习惯一直延续到孩子们的大学时代，而且他们现在依然期待着这个"老传统"。

有一家人会特意在圣诞节给每个孩子一百美元，并让他们自主选择捐赠给某个非营利机构。他们的要求是孩子要独自通过志愿服务或某种教育培训班与该机构取得联系，并且要亲自送去圣诞礼物。他们希望孩子能从此次经历中学会沟通并培养正确的价值观。

还有一个家庭每年都参加当地的宣教旅行。他们不离开城市，就在家附近参与活动，做志愿者也只是在自己能力范围内提供支持。他们希望这种实践能提醒孩子学会关心周围人的需求。

正如我们在本书中所讨论的那样，孩子们从观察中学到的比在文字信息中学到的更多。男孩是经验式的学习者，他们通过动作和实践来建立最好的联系。这些习惯和做法不仅为他们身体、精神、人际关系、情绪表达上的成长奠定了基石，也为建立有意义的联系和创造有价值的生活技能筑牢了根基。

通过思考本章中的不同案例，想必你已经对个人和家庭的实践有了新的答案。一千个人眼中有一千个哈姆雷特，请您用独一无二的眼光去思考自己的孩子究竟有哪种特质，他最需要在哪个方面成长，然后再重新审视自己家庭的生活节奏，想想如何合理计划每日、每周、每月、每季度或每年的家庭实践活动。相信本章中的某个做法，或是你对男孩特质和需求的思考所碰撞出的新火花，会给你带来实践的新灵感。

聪明一点，别总是唠叨着你想让男孩如何如何，不如为他打开机会之门，让他品尝到体验和成长带来的甜头。

刻意练习

1. **计划暑假**。把暑期作为一个时间框架，帮助孩子掌握时间管理方面的技能。首先头脑风暴一下想要达到的目标，然后计划休息时间、设定具体目标，并形成一套自己的习惯和做法。

2. **健康心智餐盘**。了解这个宝贵的工具。定义人所需要的七种"心智营养餐"，并思考每个方面所需要的具体实践。

3. **确定四个维度**。帮助男孩建立一个围绕身体、情感、人际关系和精神健康这四个维度的框架。在这四个维度框架内分别确定"我要做的事、我的目标和我的习惯"，这会使他终身受益。

4. **评估四个维度**。记得在 iCal 中设置一个日期提示，提醒男孩回顾并评价自己在"我要做的事、我的目标和我的习惯"这三个方面的成效如何，就像工作上的绩效评估一样，他以后在工作中也会遇到这类事情。

温柔而坚定地前行吧，男孩！

我们的追求是，帮助男孩感受人性的复杂和丰富，体验男性

完整而真实的生命。

几年前，我和儿子们一起去现场观看了一场高中橄榄球赛。在周五的晚上，我们嗅到了秋高气爽的气息，听到球员们第一次跑上球场时那震耳欲聋的士气声，还有人群聚集在一起为他们喜爱的球队加油的欢呼声。

　　第一场比赛开始还没多久，我就注意到一位妈妈坐在我们后面的看台上。她身材矮小，从头到脚都穿着紫色和金色相间的衣服，自豪地戴着印有儿子明星球员头像的纽扣别针，坐在她另一个年幼的孩子和她母亲之间。这位老人也神采奕奕地介绍自己是"最骄傲的祖母"。

　　这位妈妈，可以说是一个十足的"大嗓门"，无论是场上得分，还是拦截胜利，甚至是一次失败的尝试，她都会不遗余力地欢呼庆祝，这都是她内心富有激情和真诚的表现。最打动我的是，这位可爱的妈妈对球场上的每一个年轻人都热情似火，而不仅仅只是对她的儿子。尽管她的儿子的确是一名出色的接球手，但她好像是场上每一位运动员的母亲一样。她不仅知道他们的名字，还对他们场上的表现赞不绝口，就好像这些孩子也是她的亲骨肉一样。

她不停地大喊："我看见你了！52号，我看见你了！"她还会叫出他们的名字："托马斯，我看到你了！"

在整场比赛中这种情况一直持续着。半场结束后，到了第四轮，场上的一名球员受伤了。当教练和队医跑到场上查看这位年轻人的伤势时，全队都围着他跪了下来。当他们抱着这位泪流满面的男孩离开球场时，她站起来喊道："我看到你了，约翰·马克。我看见你了，孩子。"她站在那里，一遍又一遍地重复着这句话。

这位女性的话语是多么铿锵有力啊！在这简单的五个字——"我看到你了！"里面，饱含着动人的情感和崇高的敬意。

"我看到你了！"

我们每个人都渴望被看到和被了解，这是人之常情。当我们处于受伤或水深火热之中时，能够得到别人的关心和在意是被爱的表现；当孩子们感到痛苦或不安时，我们自然想要帮助他们排除万难。如果我们能看到孩子的现状，和他们一起面对痛苦，他们的状态就会即刻转变，从而拥有直面困难的底气。

在帮助孩子度过情绪大关之前，我们自己得身先士卒地投入这种情绪之中。当我们向处于挣扎之中的孩子走去时，也是在展现和示范自己的同理心，帮助他们调节神经系统，并增强他们灵活调整情绪的能力。

痛苦，是生而为人的代价，这无法逃避。但男孩遇到难事往往会选择回避问题、压抑情绪或麻痹自我。在这个过程中，男孩还天真地以为这是自己力量的展现。但其实，他们只会让自己变得更脆弱。男孩对自己情感环境的理解越肤浅，他就越容易感到无力，情感进而愈加分裂，难以整合和交融。可以说是危如累卵，不堪一击。

2019年，美国心理协会（APA）首次发布了与男性和男孩相处的参考指南。APA指出"四十多年的研究表明，传统观念中的男子气概在心理上害人不浅。让步入社会的男孩压抑情绪，会对他们的心理造成由内而外的损伤。"更有证据表明，"男性对自我照料的不情愿也延伸到了寻求心理帮助上。"奥马尔·优素福博士的研究发现，"那些信奉传统刻板印象的男性跟那些灵活看待性别差异的男性相比，对寻求心理健康服务的态度更加消极"。

随着时间的推移，情绪问题逐渐变得性别化的根本原因是，男性的大本营往往与传统的男子气概保持一致，他们抗拒自我照顾和寻求他人帮助，并将现实问题置之不理。这也是为什么情感素养经常被定义为一种"软技能"的原因，其实它是筑造幸福的基础技能。

我内心的希冀是想让父母、教育工作者、教练和所有深爱着男孩的人尝试一种新的生活方式：

一条教导男孩压抑情绪的道路是祸害无穷的。

一条教导男孩封闭自我和爆发情绪的道路是有百害而无一利的。

我们要带他们走——

一条承认自己内心的痛苦总归要有外在释放的道路。

一条帮助男孩把头脑和心灵联结起来的道路。

一条强韧与温柔并存的道路。

一条把同理心和自我意识视为超能力的道路。

找到那些与男孩同行的人

弗雷德·罗杰斯先生相信"被世人所提及之事，皆可被改变"，而他的人生就是这句智慧箴言的真实写照，他相信所有的孩子都需要被关注和被了解，那些能够奉献自己爱心和关怀的成年人将改变一切。我感到欣慰和感激，在罗杰斯去世多年后，他的声音在全世界得到了高度关注。我真诚希望世人能继续学习他的智慧——了解孩子并了解自己。罗杰斯先生曾说过："我认为在过去的一万年里，孩童的基本要求从没有发生改变。"我还要补充一点：我相信从现在起到一万年后，孩子的需求仍然亘古不变。那么问题来了，我们要如何满足这些需求，要优先考虑些什么呢？

多年来，每个周四晚上，我都会带领一群高中生开展心理活动。每次相聚的时候，我们会先围坐在一张大桌子旁，吃墨西哥卷饼配奶酪辣酱。令人惊奇的是，奶酪酱仿佛有种特殊的魔力，只要它在桌上，这群青春期的男孩子就会轻松打开话匣子，谈天说地，不亦乐乎。恰好我的办公室对面就有一家我们当地小有名气的墨西哥卷饼店，那儿的食物相当美味。一开始的时候，我们会买来美食专心品尝，然后围坐在桌子旁，谈论眼下面临的琐事、作为青少年在这个时代所面临的挑战、对未来的希望和恐惧，等等。我们会谈论当今世界对男子气概的狭隘定义，以及丰富这个定义会带来的影响；还会探讨世人对"力量"这个词的看法，以及真正的力量意味着什么。

在那个可以卸下防备畅所欲言的房间里，我们一起庆祝了难忘的高中毕业典礼和激动人心的大学录取时刻；我们会为一个考取驾照的男孩欢呼，也会为一个鼓起勇气去邀请女孩参加舞会的男孩鼓掌；一起庆祝某个男孩找到第一份工作；祝贺他们在某个团队中取得佳绩、崭露头角或在学校戏剧演出中表现出彩；分享得到暑期实习机会的幸运和赢得奖学金的高光时刻，等等。同样，我们也会与那些因为遭遇亲人离世、父母离婚，或失去了朋友及宠物而感到悲伤的人同在，陪他们度过人生中这段艰难的时光；我们还会为一个意外失去了兄弟的男孩而哭泣；为一名罹患慢性疾病的成员送去安慰；为懵懂青春里经历的分手、失意、梦想破碎而黯然神伤……总之，在带领这个小团体十多年的时间里，青春期男孩可能面临的困难，没有一个是我们没经历过的。

随着团队中的一个个老成员从高中毕业并开启了新的征程，新成员又加入进来，团队始终处于动态变化中。但唯一不变的是，似乎每个加入这个团体的年轻人都会在某个时刻发出同样的慨叹："我从没见过男人还能这样在一起聊天。"

但其实，我并没有在这个房间里制造魔法，我正在做的也不是什么在某个礼拜四晚上、在任意一个城市都无法复制的事。我仅仅是给孩子们提供了一个安全的空间，在这儿不需要故作姿态，唯一的要求就是你到场参加即可。当时，我对他们的要求也非常简单：

按时参加

保持诚实

不故作姿态

不挖苦讽刺

求同存异

相互尊重

　　有人曾问我，维持这些规则是不是很困难。我可以诚实地回答，从来没有。因为参与的过程跟我关系不大，都是孩子们的事。我从来没有强制执行这些规则，是他们彼此约定这样，是他们自己定下了基调。任何想要装腔作势或讽刺别人的新成员都会发现，在这个房间里根本没有容身之地。因为没有人会容忍这种做法，也没有人对此感兴趣。

　　其实，无论是在学业、运动还是课外生活中，男孩们可能每天都生活在一种故作姿态的文化氛围之中。因此，他们深有体会，维持这种表面关系本身已经令人筋疲力尽。那么，当他们能离开那种氛围，回到温馨的家里，进入一段亲密的朋友关系中，或者走进礼拜四晚上的这个房间时，相信那一刻所体会到的解脱和宽慰，就像在闷热夏日里有人递给了他们一杯冰水一样透心凉。

我相信，美味的奶酪辣酱和墨西哥卷饼毫无疑问俘获了他们的胃，但安全感和自由才是把他们留在那里的真正原因。

多年来，每当我和一些没参加过的年轻男孩谈起这个团队，并想邀请他们加入时，常常会遭遇他们的犹豫不决或是极力抗拒。我的"推销"就是让他们坐在房间里，在一旁观察就好。我会鼓励他们，尝试这种与同龄人相处的全新方式。由于大多数人从没有或很少经历这种情况，我想他们一定认为我在强迫他们做这件事。尽管没有人当着我的面对我翻白眼，但想必心里已经翻过无数次了。

我不会怪他们。如果你在我17岁的时候劝我和我的同龄人进行一次推心置腹的交谈，我也不会相信这种鬼话的。主要是因为，那时的我会觉得它根本不存在。我们完全不知道自己缺乏什么，也很难想象自己还未经历过的事情。

年少的男孩在渴望一些甚至他们自己都不知道的东西。

男性时而像一座孤岛。他们几乎从不在其他男人面前承认自己是如何在困境中挣扎，或是自己急需些什么。他们宁可独自背负这些重担。尽管我们都急切地证明生活中的自己并不孤单，但很多男孩还是选择自己扛下所有。

每当我和一个正面临父母离婚的男孩坐在一起时，我都会问："你的朋友有谁知道这件事吗？"不知有多少次，男孩一脸茫然地看着我，那个眼神好像在说："我为什么要告诉他们这个？"或者："告诉他们对我有什么好处？"他们好像从来没想过要伸出援手。

把难题憋在心里往往是常态，向他人寻求帮助却屈指可数。

这也在某种程度上解释了，为什么几乎团队里的每个男孩都会发出"我从没见过男人还能这样坐在一起聊天"的感叹。因为他们从未见识过，更没有品尝过被同龄人看到和理解所带来的满足感。当然，他们也有可能曾和父亲有过类似的体验。然而，如果他们的父亲都从未亲身经历过，那就很难把这种经验传授给儿子。我们无法给予别人我们未曾得到过的东西，我们只能把孩子带到自己曾抵达过的最远的彼岸。

成为危机预防者，而不是问题干预者

有句名言说，"有时我们要做的，不是忙着把人从急湍的河流里拉出来，而是要逆流而上，找出他们落水的原因"。本书讲的就是逆流而上，找到男孩子们到底是在哪里落入水中的。我希望能给男孩目前的生活方式带来一些改变。这种改变可能如同一颗石头扔进水里泛起的涟漪一般，会对他的同龄人、未来的配偶甚至孩子都产生一圈一圈的连锁反应。

我在本书伊始所分享的统计数据，就是为什么我们要不断地把男性从汹涌的河水里救出来的有力证据。让我们把全部的精力都投入到拯救男孩的任务中去，竭尽全力，成为一名聪明的战略家吧！

让我们携手，成为全心全意关爱男孩的大人，成为一名危机预防者，而不仅仅是问题干预者。

如果你是孩子的父母或祖父母，请告诉孩子你将和他一道并肩学习。比如，你将会致力于扩大自己更丰富的情感词汇库；你打算培养自己更善于描述自我感受的能力，而不仅仅是流水账式地汇报今天做了哪些事；当情绪的星星之火有燃烧的迹象时，你将会更熟练地识别出身体发出的信号。就像一个七岁的孩子告诉我的那样："我正在锻炼自己成为一个驾驭情绪的忍者！"他说自己十分擅长用语言描述当下的感受，并懂得处理情绪的策略。

> 让我们成为全心全意关爱男孩的大人，成为一名危机预防者，而不仅仅是问题干预者。

让我们把"五大情绪宣泄法"的清单张贴在一个显眼的位置；诚实地谈论哪些方法对自己奏效；让男孩亲眼看到，当我们感到情绪波动时，会主动选择去情绪空间释放一下自己；帮助男孩创造一个"可移动的情绪释放空间"，在这个空间里面放上压力球、可以吹的气球、日记本或其他任何有用的东西，以便他随身携带着去其他地方。

如果你是一名教育工作者，可以学习一下马克·布兰克特博士在耶鲁大学情商研究中心所做出的杰出研究成果。他提出了管理情绪的"尺子"（RULER）方法。您可以探索在课堂上使用这种方法带来的影响。"尺子"这一词（RULER）代表应对情绪问题的五个步骤：识别（Recognition）、理解（Understanding）、标记（Labeling）、表达（Expression）和调节（Regulation）。

布兰克特博士将"尺子"方法描述为"一种基于实证的社会情感学习（SEL）方式，以帮助整个学校体系了解情绪的价值，提升情商技能，营造和维持积极的校园气氛。"我梦想有一天，每所学校都能够像重视数学、阅读、科学和社会学一样，甚至更多地重视社交和情感能力学习。一旦我们认为 SEL 的技能只是一种软技能或是一种次要的学习，那么，孩子们就错过了在当今世界成为优秀的人所必需的要素。

与此同时，你也可以考虑在教室里留出一个角落，让孩子们自己去调节情绪。有的老师会把它命名为"平静的角落"或"和平之地"，并在里面放上压力球、手指玩具、健身实心球、美术用品或其他任何可以帮助孩子们发泄情绪的工具。同时，也可以使用计时器或沙漏来帮助孩子们树立时间观念。如果别的孩子也想要使用此地，提醒使用者及时为他人腾出位置。

如果你是一名教练，我强烈建议你去考察或了解一下我的朋友斯科特·赫伦创办的纳什维尔教练联盟（NCC）。NCC的使命是"培养全心全意的教练，为年轻人的生活做好准备"。他们的愿景是：创造一个新的世界，让体育运动教会每个孩子"你始终属于自己；重要的是你是谁，而不是在赛场上的表现"。这个富有开创性的组织致力于通过会议、论坛、培训和网络小组将教练们培养成变革型领导者。斯科特和他的团队相信"青少年体育运动提供了最具战略意义的机会，它帮助年轻人在精神上和情感上为未来生活做好准备"。

你还可以拿出一部分训练时间来看电影，比如《勇往直前》《真情电波》《弱点》《决胜巅峰》《光辉岁月》《万夫莫敌》《面对巨人》《后继有人》《追梦赤子心》《光荣之路》《篮坛怪杰》《飓风季节》《卡特教练》《成事在人》《我爱贝克汉姆》《奇迹》《飞鹰艾迪》《奇迹赛季》《灵魂冲浪人》《麦克法兰》《烈火战车》《百万金臂》《美国草根：库尔特·华纳的故事》《心灵投手》和《42号传奇》等。把观看电影作为团队建设的练习和实践，这既可以帮助队员培养感情，又能帮助他们建立深层次的联系。

如果你是一名青少年团体领袖、童子军团长或夏令营辅导员，那么我鼓励你去思考将社会情感学习（SEL）与工作结合起来的方法。你无须花大力气另起炉灶，也不要以为我在布置新的课程或额外的工作。我只是想让你找机会帮助男孩更多地谈论对自己所做事情的感受。你可以到我们的网站上下载一份情感图表，把它准备好，当作你随时可用的工具。它能够提示你在日常生活中使用更多的情感词汇。你也可以借此机会谈论一下压抑情绪和表达情绪之间的区别。如此一来，当你与男孩沟通时，脑海中的这些内容会本能地引导你在工作中做得更好。

你也可以更多地尝试跟男孩分享自己曾感到痛苦和恐惧的经历（以一种适合其年龄的方式），以及你用来克服压力和情感不适的有益方法。试着向男孩们解释，"消化"这个词其实包括了我们每天所接受的一切，而不仅仅是果腹之物。这个逻辑就像是吃进肚子的食物会影响健康一样，我们从社交媒体、人际关系和精神食粮中吸纳（或缺乏）的内容，也会影响我们如何看待世界和看待自己的存在方式。那么，我们就更需要在孩子面前大方地分享自己人生旅程中的良好习惯和做法了。男孩们不仅需要真正听到这些故事，还需要在他们信任的成年人身上看到全方位的情感体验。要知道，社交媒体正在欺骗孩子，让他们误以为生活是由一系列理想而完美的时刻组成的，所以，他们才会在生活中出现严重的认知偏差。其实大人都明白，社交媒体是人们精心策划、高度编辑的精彩时刻集锦，这些时刻只是生活中的片断，根本不是全貌。

我们的追求是，帮助男孩感受人性的复杂和丰富，体验男性完整而真实的生命。如果你是家长，可以带男孩在富有故事感和充满挑战的地方露营一次。这样不仅可以让他拥有一次亲历困难、直面挑战的机会，还能教会他如何掌握这些应对困难和挑战的技能。这样，今后在人生路上遇到障碍时，他会有勇气做好准备。因为他知道，前路一定会遇到困难，而且他无比信任的大人将要面对的也和自己差不了多少。风雨过后，男孩会学会直面问题，我们还要鼓励他分享解决问题的经验。

这不仅为帮助男孩过一种有信仰的生活提供了范本，也是教会他向外转移情绪的有力证明。我们要让孩子知道，人之所以需要集体的意义，以及敞开心扉，寻找联结，向他人寻求帮助的意义。因为生而为人，我们都需要帮助，而帮助是双向的，我们既是需求者，也是施予者。于是我们又回到了生命的目标上来，重新思考来到这世界的意义。

说到这里，请不要再问男孩："你想做什么？"而是问他们："你想成为什么样的自己？"

男孩会本能地把自己的表现束缚在学生和运动员这两种身份上。就像成年人往往把对自己的身份认同感建立在职业之上一样。在某种程度上，人们喜欢问的问题也在潜意识里定义了对方在这个世界上的目的和位置。比如问男孩："你打算做些什么事？"或者问成年男性："你是干什么工作的？"

让我们多聊聊"你更想成为什么样的自己"吧！这个问题的前提是我们还没有成为那样的人，我们都还在路上。的确如此，不管我们是否在上学，我们都可以成为学生。因为学习和成长的机会无处不在。

没错，这是在向一个新的方向发展。

是的，我们要逆流而上。

的确，这是一项艰苦的工作。

但我相信，唯有努力，才能长出枝叶和果实。

让我们一起加油吧！